山旅犬のナツ

服部文祥

河出書房新社

目次

はじめに

山の廃村に残った築一二〇年を超す古民家（屋号・百之助《ひゃくのすけ》）で一年の半分を過ごすようになった。夏至の頃は、明るくなった五時前後に起きることが多い。私の覚醒に気がついたナツが、寝転んだまま頭だけ上げて耳を倒し、尻尾でパタパタと板間を叩いている。朝の挨拶である。

私は布団から這い出して、ナツが寝転がっている横に座り、ナツの首から肩の筋肉の周りをマッサージするように撫でる。

少し撫でてから、庭から道に出て、朝一の用事をすます。家から五メートルも離れていないところで用を足すのを、ナツは快く思っていないかもしれない。ナツはそこそこ激しい雨が降っているときでも、家から三〇メートルは離れて、おしっこをする。

戻り際にかまどに火を熾したら、またナツの横に座って、軽くマッサージする。

私にとってナツははじめて飼う犬である。わかりやすいので「飼う」を使うが、私はこの言葉があまり好きではない。私とナツとの関係を正しく表しているとは思えないからだ。ナツは飼われているのではなく、一緒に暮らしている。ナツとともにこれまで距離にして三〇〇〇キロ以上を徒歩で旅してきた。旅の行程のほとんどがノーリードである。冬は一緒に猟もする。ナツは鹿を追って何度も山に消えてしまったが、そのたびにちゃんと戻り、山奥のこの廃村でもほぼ放し飼いで過ごしている。

「どうすればナツみたいな犬ができるんですか」と聞かれたことが何度かある。他人にはナツは賢い犬に見えるらしい。

　どうすればナツのような犬ができるのか、私にもよくわからない。犬とともに山旅をしたくて、私なりに試行錯誤を繰り返してきたものの、その判断が正しかったのかは自信がない。猟犬を育て上げることに秀でた猟師から見たら、私など、ナツをスポイルしているように見えるかもしれない。ナツだって、私に対する改善要求をいくつも抱えているはずだ。

　ナツと過ごした日々を振り返りながら原稿を書いていると、いろいろなシーンが思い出され、今もこうしてともにあるのが奇跡のように思えてくる。ナツを愛おしく思う気持ちが抑えられなくなり、執筆を中断して、ナツが寝転がっている縁側に行って、ナツを撫でてしまう。生き物に触れるというのは気持ちが休まる。ナツは図に乗ってきて「もっと撫でてください」と前脚で要求してくる。とっくに満たされている私は、ナツの相手をしているのが面倒くさくなる。

　ナツは今も、それなりに満足そうに縁側に寝転がって、山旅がはじまるのを待っている。

上｜洞穴で生まれたばかりのナツ（右奥）と兄弟。
左｜目が開き、土手の洞穴から外のようすをうかがいはじめた。手前がナツ。

2016年5月上旬　北海道 岩見沢

写真家伊藤健次邸の土手の洞穴でナツは生まれた（4月末）。母犬は周辺を根城にする野良犬のチャロ。2匹の兄弟はナツとよく似た赤毛の雄と白と茶のぶちの雄だった。父犬はわからない。[伊]

林道の終点で遊ぶチャロ一家（ナツは右端）。北海道でもめずらしい生粋の野良犬一家である。

母犬のチャロはその目でどんな情景を見てきたのだろう。2023 年 8 月にはまだ健次邸の周辺でチャロの元気な姿が確認されている。

北海道で家族と過ごしたのはほんの 40 日ほどだった。ナツは横浜の服部家に来て、山旅犬として育つことになった。

世界をナツなりに受け入れていく。子犬時代は写真左上の雄鶏（キング）につつかれて逃げ回っていたが、
半年ほどで大げんかに勝利し、立場を逆転させた。

2016年6月21日　横浜

ナツは6月6日に服部家にやってきた。最初の晩は1匹で眠るのをさみしがって鳴いた。屋内でおしっこをして怒られる、透明なガラスにぶつかるなど、定番の子犬時代を横浜で過ごす。［林］

庭に転がっていた鹿の骨がナツのオモチャ兼おやつだった。

ほとんど同時期に川越からやってきた黒猫のヤマトとは仲良しである。幼い頃はお互いを枕にして眠った。

2017 年 2 月 6 日。生後 9 ヶ月頃のナツ。まだ目から鼻先にかけて黒い毛が残り、身体も細い。

ナツにとって２頭目の獲物になる若い雄鹿。尻尾を巻いて恐るおそるニオイを嗅いでいる。

2017年1月15日　猟場 B沢 2回目の出猟

娘の秋にナツのリード持ちを頼んで出猟。B沢の旧作業道奥で3頭の群れに出会った。翌日もドングリ広場で鹿を1頭、仕留めることができた。ナツは探索（猟場の散歩）は率先しておこなうが、仕留めた鹿にはまだ反応しない。獲物への積極的反応を示し出したのは、２ヶ月後の猟期最終盤だった。

ナツとの出会い

北海道の自然写真家伊藤健次さんから来た手紙に「近所に居着いている野良犬が家の敷地内で勝手に子犬を産んだ」と書き添えてあった。私が家族に、「犬を飼うことを本気で検討する」と宣言した数日後のことである。

だから、その手紙を読んだときはドキリとした。こんなことがあるのかといぶかりながら、それとなく健次さんに子犬たちの貰い手は決まっているのか聞いてみた。

「役場の子犬紹介コーナーに出せば、すぐもらわれていくんだ」と健次さん。

「犬が欲しいなあとちょうど思っていたんですよ」

「責任をもって飼えるの？　もし飼えるなら、こういう出会いは大切にしたらいい」

送ってもらった写真にある母犬の面構えにハンターの風格があった。いったん保留にして、小雪（妻）に健次さんから送られてきた写真を見せた。いきなりの展開に小雪は困惑気味である。

健次さんによると、もはや野良犬などほとんどいない北海道で、その母犬（通称チャロ）はたくましく野良をつらぬく、タフレディということだった。食べ物は受け取るくせに、愛想は皆無。健次さんが撫でようとしてもするりとかわされ、チャロに触れたことはなく、健次さんが気まぐれに与えるエサ以外は、小動物を捕らえて生きながらえ、家の敷地にはチャロが食べたタヌキやウサギなどの小さな骨が散乱しているらしい。

出会いは数年前、鹿の死体の横にチャロが立っていた。その鹿をチャロが倒したのか、猟師に撃たれて逃げたものの力尽きたのかはわからない。手負いになって弱った鹿をチャロが噛んだのかもしれない。以来、チャロは健次さんちの周りをうろつくようになり、一年に一度か二度、健次さんちの敷地の土手で子どもを産んだ。チャロが乳を腫らしているのを見たら、周辺の土手を見て回って巣を見つけ、子犬を回収して、里親を探してきた。現在、健次さんの飼い犬であるキラもチャロの子どもである。真冬の猛吹雪でも雪の中に丸まって耐え、ときに小動物を狩り、ときに健次さんからエサをもらって、チャロはたくましくしたたかに生きてきた。

「本気なら、一回見に来たほうがいいよ。生き物だから相性がある」と健次さんが電話口で言った。

犬を飼うのが子どもの頃からの夢だった。昔話に出てくる犬も好きだった。椋鳩十の『マヤの一生』は小学生だった私の心をいろいろな意味で深くえぐった。探検ごっこや秘密基地ごっこをしているときに、いつも傍らに犬がいればと思っていた。そんな物語やふとしたきっかけで「犬熱」がぶり返すたびに、私は「（団地住まいから）一軒家に引っ越そうよ」と母親に提案した。母親は毎回「なんで？」と聞き、私は「犬を飼いたいから」と飽きずに繰り返した。その願いがかなうことはなく、私は『ペットの飼い方』という子ども用の入門書をめくって過ごした。そのまま人生は、部活、受験、登山、就職、クライミング、繁殖（子育て）、山旅とめまぐるしく展開し、犬への想いはいつのまにか心の隅っこに追いやられていた。身体能力が向上しない年齢になって、自分の登山が「クライミング」から「山旅」へと移行していき、その過程でのめり込んだ狩猟の修業時代に猟犬と共猟する機会があった。猟犬は狩猟の大先輩である。私の中で犬への想いが再燃し、子どもたちに手がかからなくなったことで、犬と暮らすという長年の夢をかなえる機運が整っていた。

　子犬を北海道から飛行機で運べるのか、狂犬病の予防注射を打たずに運んでいいのか、キャリアに指定があるのかなどなど、無知ゆえの懸念事項が次から次へと湧いてきたが、調べてみると子犬の移動は、国内であればほぼ問題がないようだった。

「固形物を食べはじめたから、一刻も早く家族に慣れさせたほうがいい」と健次さんから連絡が来た。

　小雪はまだ犬を飼う覚悟が決まらないようだった。子どもたちは異論あろうはずもなく大賛成。困惑顔の小雪に「とりあえず子犬の顔を見てくる」と言って、朝一と夕方のチケットを確保した。

　新千歳空港から約一時間、開拓地の奥に建つログハウス風の一軒家が健次さんの家だった。レンタカーで砂利道を入っていくと、キラが派手に吠えた。チャロは見慣れない車と人間を警戒し、一〇〇メートルくらい距離を置いて遠巻きにこちらをうかがっていた。私は横浜から持ってきた鹿の脚の骨をチャロに投げた。チャロはとことこと歩いてきて、ニオイを嗅いでから骨を咥え、小走りで遠くに行ってしまった。生まれた三匹の子犬のうち、一匹はすでにもらわれていた。はじめて飼う犬なので、飼いやすいと言われているメスがいいと健次さんには伝えてあった。妻には子犬の顔を見てから決めると言ってきたが、メスの子犬を抱き上げ「一緒に帰るぞ」と声をかけた。子犬はきょとんとしていた。

　伊藤家の子どもたちとドロケイをして遊び、昼飯をごちそうになった。

「猟犬として考えているの？」と健次さん。

「いわゆる猟犬にしたいとは思っていないけど、山旅は一緒にしたいですね。ただ……」

単独忍び猟をしていて、なにかが足りない気がしていた。近年鹿が増えたため、出猟すれば毎回獲物は獲れる。だが、獲物という結果はあっても、狩猟の過程でなにかが足りなかった。それはもしかして、ともにケモノを追う犬の姿なのかもしれない。そんなことをぼそぼそと話した。

「飼い主の猟師以上に優秀な猟犬になることはない。ただ、チャロはけっこうヤルから、子犬も猟犬になるかもしれない。ブンショウの腕にかかってるね」

と健次さんは言った。

飛行機の時間が近づいたので、メスの子犬を横浜から持ってきた竹の背負カゴに入れた。ここでも子犬はまったく抵抗せずに私のなすがままに受け入れていた。

視線を感じて顔を上げると、五〇メートルほど離れたところでチャロがこちらをじっと見ていた。

「大丈夫、ちゃんと飼うから」と私はチャロに向かって叫んだ。

チャロは身動きひとつせずにこちらをじっと見つづけていた。

健次さん一家にお礼と別れを告げ、三〇分ほど走ったところでレンタカーの助手席に置いた竹のカゴの中で、子犬がクンクン鳴きはじめた。「大丈夫だよ」とカゴの中に手を入れて、撫でてやると、なにか柔らかく温かいものが手に触れた。左手を見ると、そこにはべったりとウンコが付いていた。

新千歳空港で子犬を見たグランドスタッフのお姉さんは、「かわいー」と仕事を忘れて両手を握りしめている。さっきまでウンコまみれでしたよ、とは言わずに手続きを済ませ、子犬は切なそうな声を上げながら、カウンターの奥に消えていった。

ひとっ飛びで、羽田空港に着き、子犬を回収して、竹カゴに入れて赤い電車に乗り、自宅へ向かった。電車の中でも子犬はクンクン鳴きはじめ、そのたびに手だけカゴに入れ（もしウンコをしていてもウンコが手に付かないように）撫でた。

最寄り駅に着いてもカゴからは出さずに背負って、背中のカゴの中に声をかけながら、帰路を急いだ。門扉の鉄格子を開けて、ベランダに回り込み、縁側にカゴを置いて引き戸を開けると、家族が待ってましたとばかりに飛び出してきた。

私は靴も脱がずに、蓋にしていた笠を開けて子犬を出した。子犬を見た家族の時間が止まった。ドキューンと心臓を撃ち抜かれ、全員、両目からハート型の棒が飛び出していた。六つの目（長男の祥太郎はいなかった）でじろじろと見られたそのとき、子犬はなにを思っていたのだろう。

子犬が我が家にやってきたのが初夏の爽やかな日だったので子犬にはナツという名前がついた。

幼犬時代

犬と一緒に荒野を旅するのが夢だった。だからナツはリードで繋がなくても、常に私から離れない犬になってほしかった。その上、山中を長時間一緒に歩く体力があり、遠出や野宿を嫌がらず、狩猟に役に立てば申し分ない。

まずは、近所の地形を頭に入れてもらうべく、普通に近所を散歩した。同時に、家から地続きの裏山をリードを付けずに歩くこともはじめた。その裏山は高圧電線の鉄塔が立っているため金網に囲まれていて好都合だった。だが、ナツが私の近くにいるのは最初の五〇メートルほどだけで、すぐに森の奥に走って消えてしまった。初期の頃は、森の逆側まで走り、庭に出ている住人に吠えることもあった。私までごそごそとよその庭先に出ていったら不審者なので、森の中で気をもみながら待っていて、ナツが戻ってきたら「それをやってはダメ」と言い聞かせた。柵の間をすり抜けて住宅街に出てしまうこともあった。これも連れ戻して、繰り返し言い聞かせたら、次第に自由に歩き回れる範囲を理解していった。

人を噛んではいけないことを、最初に教えなくてはいけないと聞き、また、変な物を食べようとしたときに制止できるように、エサを取り上げる訓練もしたほうがいいと聞いた。

ナツが噛んで遊んでいる鹿の骨を取り上げるのは、何の抵抗もなかった。ときどき食事中のナツのエサ容器にも手を入れた。内心ではビクビクしながらも、表面上は毅然とやったつもりだったが、しばらくぶりにやったときに、容器に侵入してきた手を嫌がり、唸りながら牙を剥いて威嚇してきた。噛みはしなかったものの、噛みつくぞと脅すように動かした上顎の犬歯が私の手に触れた。ちょっと当たっただけだったが、犬歯は鋭く尖っているので、私の手には小さく血が滲んでいた。

ナツに傷つけられたことに対する怒りと、しつけのチャンスという冷静な分析を心に、ナツの首根っこを押さえつけ、血の滲んだ手を見せながら、「人を噛んだらぶっ殺すぞ」と言いながらボコボコに殴った。

ナツはキャンキャン叫びながら、部屋の隅に行ってしまい、もうそのエサは食べなかった。手を傷つけたから怒られたのではなく、そのエサを食べようとしたから怒られたと思ったのかもしれない。それから数日間は、私の前でエサを食べるときにこちらのようすをチラチラうかがっていた。

ナツの食事中に、もう一度手を入れてみると、食べるのをやめてすごくイヤそうに私のことを上目遣いで見た。

しつけというよりは、犬のプライドを踏みにじってどこまで耐えられるのかを試しているような気がして、こちらの気が滅入ってしまった。それでもときどき、気が向いたときに食べ物を取り上げることをつづけて、私と小雪だけは、ナツの食事を中断させることができるようになった。だが子どもたちはナツの食事を邪魔することはできないし、ナツがキープしている鹿の骨に家族以外の誰かが知らずに近づいたときには、牙を剥いて吠えることも止められない。

近所を流れる鶴見川の河川敷の広場に誰もいないときは、ナツのリードを外し、一緒に走った。子犬の頃からナツはよく走った。だが、他人や他犬はあまり好きではないようで、よその人や犬がいると、気持ちを開いて走り回ることはなく、帰りたそうにしていた。

山で一緒に歩くことも、できるだけ幼いうちから慣らしたいと思い、生後三ヶ月で、まず丹沢の人が少ないところに連れて行ってみた。成犬になったら電車やバスで移動して、一緒に山に登るつもりだったが、いきなりキャリアに詰め込んで電車に乗せることで、移動が嫌いになってしまうと元も子もない。最初はレンタカーで行くことにした。

車を嫌いになってしまうことも避けたいので、レンタカーの中にブルーシートを広げて自由にさせた。だが、出発五分でよだれを垂らしはじめ、一五分で吐いた。小雪が出発前にドッグフードをやっていたので、胃酸とドッグフードの混ざったかぐわしいニオイを嗅ぎながらのドライブになった。

丹沢の麓に着く頃には、ナツはもうヘロヘロだった。ご機嫌取りで、ササミスティックを出してみたが、食べなかった。車を土手に停め、まず川の横の遊歩道を歩いた。すこし元気になったので、もう一度車に乗せ（嫌がった）、林道の奥に進み、ナツを放したままさびれた自然観察道に入ってみた。

住宅地と高圧電線の裏山しか知らなかったナツは、砂礫の斜面に踏み込んで崩れる土砂と一緒に転げ落ち（キャンキャン鳴いた）、透き通った水を理解できずに沢に踏み入れて驚き（キャンキャン鳴いた）、ひと周りして帰ってきたら、足の指の間にヒルが数匹へばりついていた（とくに鳴かない）。二時間ほどのハイキングを終えて、レンタカーで帰宅し、ナツを派手に褒めて、レンタカーの車内はガムテープでナツの毛を取って、濡れぞうきんでよく拭いて、はじめよりきれいにして返却した。

登山初日は雨になった。ナツはびしょ濡れになってブルブル震えていた。

2017年6月2−8日　下田川内 早出川

一の又沢（泊）…アカバ沢出合（泊）…早出川（泊）…アカバ沢出合（泊）…一の又沢

NHK BSプレミアムの企画『大自然グルメ百名山〜家族でサバイバルな旅〜』の撮影のため、早出川へ入渓した。ナツにとってはほぼはじめての本格的な沢登りとなった。山中では甘やかさないように接したが、ナツにはすこし無理をさせてしまったかもしれない。

撮影を終えて麒麟山温泉に着いたら、無事下山した安堵感がどっと押し寄せてきた。

ナツの狩猟

生後三ヶ月で丹沢にハイキングに行って以降、遠出をする機会はなく、ノーリードの訓練は裏山をぐるりと散歩するくらいしかできなかった。そして秋になり、私にとっての一二シーズン目、ナツにとっては初シーズンの猟期がはじまった。シーズンの序盤はナツを連れずに北海道や関東近郊に出猟し、一〇頭ほどの鹿を獲り、肉の調達が一息ついた年末の一二月二六日、ナツを連れて猟場を歩いてみることにした。

いきなり猟場で放すのではなく、まず繋いで歩いてようすを見たい。ナツの面倒を見ながら鹿を探すのは大変そうなので、小学六年生だった娘の秋《しゅう》に声をかけ、一緒に行ってもらうことにした。秋はナツが車酔いになっても「ナツが吐いたよー」と気にしない強靭さがある。

レンタカーで猟場に行き、私のうしろをナツと秋が歩くというスタイルで、広い作業道に入った。少し歩いたところで植林の斜面に大きな雄鹿が立っていた。こちらが気がつくとほぼ同時に、その雄鹿は森の奥に跳んで消えた。ナツを雄鹿が立っていたところに連れて行き、ニオイを嗅がせて「こういうヤツの存在をいち早く教えてほしいんだ」と伝えた。

作業道の奥で出会いはなく、午後も遅くなり、どうやら初日は空振りに終わりそうだった。長時間歩いてもナツがクンクン鳴き出したり、座り込んだりしないとわかっただけでも収穫である。

そんなことを考えながら戻る途中に、短い枝道を覗くと、左の斜面を四頭の鹿が走った。ヤブの中で見にくいが、二頭立ち止まっている。斜面に腰を下ろし、左の膝と肘を合わせて、銃座を作る。「撃ち上げ」の苦しい体勢だが、一頭の鹿が照準に載った。引き金を引くと、銃声とともにナツがうしろでキャンと叫んだ。ナツの耳に銃声は痛いほどなのかもしれない。狙った鹿は転げ落ちたように見え、群れの仲間はそのまま斜面を登っていった。

鹿が立っていた斜面の下へ走った。あたりはシンと静まっている。こんなときは傷ついた鹿が物音を立てていることが多いのだが、ハズレだったのだろうか。

「このへんに落ちなかったか」と秋に聞こえるように言いながら、上流の斜面をぐるりと見渡す。半矢(手負い)のまま奥に跳んだかもしれない。

「鹿って、これじゃないの」と秋。

「え?」と振り向くと、秋が指さす小川の中に鹿がしゃがみ込んでいた。

「それだよ、それ」と小走りに戻り、小川に下りて、止め差しをする。ナツは私がやることを秋と一緒に遠巻きに見ているだけだった。

　鹿を小川から引き上げて、ナツと対面させた。だが、すこしニオイを嗅いだだけで、なにが起こったのかはわからないようだった。


　年が明けた一月一五日、もう一度同じ作戦で、朝、横浜を出発した。昼過ぎに猟場に着き、前回歩いた作業道の一つ上流の山道に入った。ナツは前回よりすこしだけ落ち着いている。沢沿いの仕事道もあとわずかになり、この日の猟はこのまま発砲なしで終わるかな、と思いはじめたところで、対岸の斜面を三頭の鹿が跳んだ。上流に走る鹿を追って私も走る。こちらが二〇メートルくらい走ったところで、鹿が立ち止まった。鹿はかるく五〇メートルほど進んでいて、私との距離は一〇〇メートル以上になっていた。地面に腰を下ろし、銃を支える左手の肘を膝に乗せてスコープを覗く。なんとかなりそうだ。引き金が落ちて銃声が鳴る。と同時に三頭の鹿も走り出すが、狙った最後尾の一頭だけが群れから離れて斜め下に走っていった。弾が入った反応である。ナツと秋を連れて、作業道を登っていくと、若い雄鹿が倒れていた。ナツにニオイを嗅がせるが、ナツは前回と同じく、尻尾を股のあいだに巻き込んで、恐るおそるニオイを嗅いだあと鹿から離れ、遠巻きにしている。猟を知っている犬と一緒に歩かせないと目的を理解するのは難しいのだろうか。

　止め差しをして、内臓を出し、その夜は猟師小屋に泊まった。私と秋は鹿刺し、ナツにももちろんさっき獲った鹿の生肉を与える。喜んで食べはじめたナツに「さっき獲った鹿だぞ」と繰り返し言い聞かせた。

　翌朝もドングリ広場（と呼んでいるエリア）で一頭獲ることができ、二頭の鹿をレンタカーに積んで帰宅した。ナツは二頭目の鹿にちょっとだけ興味を示したように見えた。

　二月の頭には、小雪と秋とナツと私の三人一狗で猟場を歩いた。鳥撃ちもナツに体験させようと、散弾を持ってヤマドリが居着いている場所を数箇所巡ったのだが、なぜかその日は全部お留守だった。スラッグ弾に換えて、さらに歩くが、鹿にも出会わない。雪の積もった山の斜面を歩き回っているうちに、小雪の歩行速度が落ちはじめた。同行者の疲労具合は気がかりだが、獲物もほしい。自分だけ先行して、鹿がよく居着いている場所を見に行くと、思惑どおり鹿が跳んだ。

　射撃のタイミングは悪くなかった、と思う。だがどこかで慌てていたようだ。狙った鹿に異変はなく、仲間と同じように斜面を駆け上っていった。立っていたところに行ってみるとわずかに血が落ちていた。

鹿が登っていったケモノ道をさらにたどる。血はこれまでの経験に照らすと私だけではとても追いつかない量だった。この手の鹿を回収するために犬がいる。ナツと一緒に追いかけてみたかったが、秋はともかく、小雪はもう歩けないし、何時間かかるかわからない追跡の間、雪山で待っていてもらうわけにもいかなかった。そろそろ下山しなくては、レンタカーの返却時間にも間に合わない。

乏しい血痕を理由にあきらめることにした。傷つけてしまった鹿のことを考えると胸が痛い。殺そうとして銃を撃ったくせに、傷が治って生き延びてくれることを願ってしまう。

三月頭には次男の玄次郎にナツのリード持ち係をやってもらった。横浜で毎日鹿肉を食べさせていたので、首尾よく仕留めるとおいしい鹿肉にありつけるということをナツもすこしずつだが理解しているように感じられた。

二人と一匹でさんざん歩き回ったのだが、鹿との出会いがなく、帰り際にナツが最初の一頭を経験した枝道に入ったら、今度もヤブの中を親子の鹿が走った。立ち止まる気配がないので、斜面の段差を越えるために鹿の速度が落ちたところで引き金を引いた。鹿は崩れるようにヤブの斜面を落ち、樹に引っかかって止まった。と思ったのだが、すぐに立ち上がって再び斜面を登りはじめた。こんどこそ、ナツに半矢の鹿を経験させるチャンスだ……と余裕があったのはひとときで、鹿は初弾の衝撃で崩れ落ちたにもかかわらず、ダメージをまったく見せず元気に斜面を駆け登っていった。

それを見たナツがはじめて、鹿を追いたがり、リードを激しく引いた。お守り役の玄次郎がナツに引っ張られ「どうしよう？」と困っている。

「放してみるか……」

どうなるかわからないので不安だが、ものは試しだ。

解き放たれたナツは、鹿に向かって斜面を駆け上っていった。だが、ナツが追っていったのは、半矢の鹿ではなく、撃たなかったほうの鹿だった。

「そっちじゃない」と叫ぶがすでに遅い。

元気な鹿を追ってナツはヤブの斜面の奥に消えていった。

戻ってくるか心配だったが気をもんだまま待っていてもしょうがないので、ヤブの斜面を上がり、まず鹿の血痕を探した。鹿が引っかかった樹に付いた血から、鹿が逃げたラインに残る血痕を追っていく。そこにナツが戻ってきた。

ほっと胸をなで下ろしながら、すかさずハーネスをつかんで、足元の血痕に鼻面をもっていく。

「これを追え」通じるだろうか？

はじめての半矢追跡である。

ナツは血のニオイを嗅いで、半矢の鹿が逃げた方に向かった。

「オレはナツを追うから、玄次郎は血を追ってくれ」と言い残し、ナツを追った。

ナツは斜面を登り、小尾根の上を少し嗅ぎ回ってから逆側の斜面へ下りていった。私もその密生した笹ヤブ斜面をがむしゃらに下った。ヤブが途切れて明るい空間に飛び出した。隣の支流沿いの仕事道だった。

ナツはどっちにいった？　と見回していると、下流でナツがワンと鳴いた。声の方へ走る。吠え声は続き、三〇メートルも走らないうちに、棒立ちになった鹿の横でナツが唸《うな》っているのが見えた。次弾を装塡しながら膝をつく。鹿が真っ黒い目でこちらを見た。ナツの位置を確認して引き金を引く。鹿がその場で崩れ落ち、銃声に驚いたナツがいったんこちらに駆け戻ってきて、私が立ち上がるのを見て、倒れた鹿にまた向かっていった。

ナツは倒れた鹿をどうしていいかわからずウロウロしつつ、鹿が宙をかくように脚をバタバタと動かすと、それに合わせて小さく吠えた。

「そうだいいぞ」と私はナツを褒めた。まだ興奮しているナツはちっとも嬉しそうではなかった。

「これが俺たちのやっていることだ。これを覚えてほしいんだ」

嫌がるナツを引き寄せて無理やり撫でた。

この鹿が、ナツの最初の猟期、最後の鹿になった。

ナツの登山

はじめての猟期が終わった二〇一七年の春に、既知の映像ディレクターから、家族にサバイバル登山を体験させる番組を作れないだろうかという要望がきた。ちょうど、ナツを本格的な登山にも慣らしはじめたいと思っていたときだった。

　一歳になるナツも連れて行きたいと提案し、私が服部家の全雌（小雪、秋、ナツ）を連れて撮影登山にいくことが決まった。場所は、家族で歩けて、イワナも釣れて、山菜もあって、雪解けが早いということを考えて、新潟の下田《しただ》川内《かわち》山塊を流れる早出《はいで》川《がわ》にした。主峰の矢《や》筈《はず》岳まで登るのはとうてい無理だが、大岩峰ガンガラシバナを望むサバイバルトレッキングである。

　猟場での動きを見る限り、ナツは問題なく登ると思うが、撮影山行の主なラインが渓谷沿いになることが小さな不安だった。そこで丹沢の沢で、犬と家族の訓練登山をしてみることにした。

　広沢寺《こうたくじ》の駐車場にレンタカーを停め、谷太郎川の源流部から大山《おおやま》を目指す。他の登山者に会わない静かな渓という狙いである。予想どおり我々以外に登山者はいなかった。だが、谷太郎川は伏流していて水もなかった。苔で滑る岩の上を歩く練習にならない。ナツは我々の位置をときどき確認しながら、山の斜面を駆け回っていた。

　ナツが地面すれすれに鼻先をスライドさせる「地鼻」で行ったり来たりしていると思ったら、首を上に伸ばして空中に漂うニオイを嗅ぐ「高鼻」をして、走り出した。

「ダメー、行くなー」と叫ぶが、私の声はもう耳に届いていない。

　突然、叫んだ私のことを小雪と秋が怪訝な顔で見ていた。

「鹿に付いた」

　新しい鹿のニオイを見つけて、追いはじめたのだ。

「そうなの？」

「今そういう、動きをしたじゃん」

　猟場で鹿を追っていなくなってしまったことは何度かあるが、登山中はこれがはじめてだった。猟犬として覚醒しつつあるのは嬉しいが、登山犬としてはちょっと困る。だがナツに登山と狩猟を区別させるのは無理だろう。ポーチから犬笛を出して長く吹いてから、休憩を兼ねて、時計を気にしつつナツの戻りを待った。一五分経っても戻らず、鹿に気をとられて滑落したか、反撃されてやられたか、とモヤモヤソワソワがつづく。もし動けなくなっているとしても、山から一匹の犬を探し出す方法はない。

いなくなって二〇分、鈴の音が聞こえ、ナツが斜面の高いところを走るのが見えた。ひと目姿が見えた瞬間にホッとすると同時に、取り越し苦労の徒労感に包まれる（以降、ナツがいなくなるたびにこの感覚をずっと味わいつづけている）。

戻ってきたナツを叱るべきなのか、褒めるべきなのか難しい。とりあえず褒美のおやつをやって、登山再開。この後は鹿を追うこともなく、登山道に出たところでリードに繋ぎ、人気ルートに合流した。大山の山頂は人が多く、犬も何匹かいて、ナツは萎縮ムードだった。

本格的な訓練はその程度しかできずに、番組の撮影日がやってきた。初日はロケバスで新潟県東蒲原《かんばら》郡の麒麟山《きりんざん》温泉に移動するだけ。ナツはキャリアに閉じ込めてロケバスの通路に置いた。ナツにとって新潟まではこれまでで最長の移動になる。ロケバスが揺れ、ナツは酔っ払っていた。そして到着した麒麟山温泉では、事前約束どおりナツは駐車場の脇の従業員出入口に繋ぎ、キャリアの箱を横に置いた。

繋がれたままのナツを遠くから隠れて観察すると、通る人が家族の誰かではないか、不安げに目で追いかけている。その姿にぐっと胸が締め付けられた。もし、キャンキャン鳴きつづけるようなことになったら、私だけ山用のシュラフとマットでナツの横で眠るつもりだった。だが、すこし後にもう一度見に行くと、ナツはふてくされたように寝転がっていた。

梅雨の走りの時期だったこともあり、翌日は雨だった。もう一日旅館に滞在してもいいとディレクターに言われて悩んだが、予報は回復傾向だったので、山沿いに雨が残っているだけと判断し、入山することにした。

だが、早出川への入渓ルートになる一の又沢に着いても雨はシトシトと降っていた。そのうえ、ここ数日のぐずついた天気の影響で沢の水は増水している。ウドの若芽を回収しつつ、かつては仕事道があった一の又沢を登っていくが、増水の影響もあり、本格的な沢登りになってしまった。ナツは人間ほど脚が長くないので、水の中をジャブジャブ行くことができずに、行き詰ってキューイーンと耳障りな声で鳴き、そのたびに私が迂回ルートを登って見せたり、抱き上げてギャップを越えたりと、行程ははかどらない。いつもはさらさらと流れているスラブ滝がゴーゴーと落ちていて、小雪と秋は「本当にこんなところ登るの？」と顔色を失っていた。ロープをフィックスして、二人になんとかよじ登ってもらい、ナツを雨具の懐に入れて私も登り返した。毛皮がぐっしょり濡れたナツは、雨具と私の間でブルブルと震えていた。私は隠し持っていた予備食の大福をナツに食べさせた（以来、アンコと餅はナツの好物となった）。雨はさらに激しくなり、通常なら三時間もかからない一の越にたどり着くことができずに、一の又沢の源頭でビバークすることになってしまった。

狭い平地にタープを張り、小雪と秋とナツをとりあえずタープの下に入れる。暗くなる前に炊事を急がなくてはならない。ぐっしょり濡れた小雪と秋とナツは、タープの下で震えたまま動かなかった。

「乾いた服に着替えないと死ぬぞ」と声をかける。

「こんなところで死にたくない」と秋がつぶやいた。

この程度で人間は死なない。だが一〇キロに満たないナツは人間よりずっと冷えやすいので心配だ。

立ち枯れを切って薪にし、焚き付けには固形燃料を多めに使う。

チャイを沸かして二人と一匹に振る舞った（以来、チャイはナツの好物となった）。焚き火でナツの毛皮も乾きはじめていた。

夜中に雨は上がり、翌朝はすっきりした青空が広がった。一の越を越え、早出川のテントサイトであるアカバ沢出合まで、撮影しながらでも三時間しかかからなかった。テントサイトにタープを張ると、ナツはそこが家族のテリトリーだと思うのか、撮影のためにスタッフが近づいてくるたびに、激しく吠えた。

「いい加減に覚えてくれよ」と撮影スタッフは困り顔だ。

翌日からいよいよ本格的な沢登りがはじまった。人間が岩にへばりついて通過できるところも、手がないナツは上手く通過できず、取り残されてキュイーンと甲高い声で鳴いている。ちょっと斜面を登れば迂回できるのだが、それがナツにはわからない。迂回路を示したり、抱きかかえたり。徒渉では、小雪と秋をおんぶしてナツは抱っこして、私だけ四往復。しばらく進むと、雪渓が渓を埋めるようになり、登ったりくぐったりしながら恐るおそる通過した。だが、巨大な雪渓に遮られ、それを登るとその先もズタズタの雪渓が続いていた。

予定の四分の一しか進んでいない。おまけにナツの足の裏は、雪渓の氷と凝灰岩のヤスリのような岩肌のためにすりむけて血が滲んでいる。ガンガラシバナの見学はあきらめて、大きな雪渓の上に登って、最終到達点とした。近くの河岸段丘にあった小屋場の跡に宿泊する。

帰路はナツも山に慣れ、犬には困難な岩場は、指示しなくても斜面から回り込むようになった。登りで苦労したスラブ滝も、抱きかかえなくても、勝手にヤブから回り込んで下りていった。

4本脚ではうまく抜けられないところは、山の斜面から迂回することを自分で判断するようになった。

2017年8月14−15日　谷川連峰 宝川ナルミズ沢

土合…東黒沢…宝川ナルミズ沢（泊）…朝日岳…白毛門…土合

美渓として有名な宝川を玄次郎（次男）と遡行。ナツにとっては本格的な沢登りの2回目。初日の天気は上々だったが、2日目は雨になった。［亀］

このプチサバイバル登山は『大自然グルメ百名山～家族でサバイバルな旅～』と題されて放送された。実際は残雪が多すぎて計画どおりの登山ができなかったのだが、それが番組の中では、ナツがへこたれたためになっていた。確かに、足の裏を切って血を流していたのだが、ナツはそんな傷など気にせず元気に歩いていた。事実を曲解されてネタになってもナツはまったく気にしていないだろうが、ナツの名誉のために書き添えておきたい。

メンバーがザックを下ろすと何か食べ物がもらえる（可能性がある）ことを覚えた。
鳴いてねだると嫌がられるため、じっと見つめる。

ナツなりに流れの深さや速さを判断して、泳いで川を渡ることも覚えた。

２日目は雨になった。雨露に濡れた源頭の笹ヤブでびしょ濡れになって震えていたため、
雨具の懐に入れた。過保護だったかもしれない。

大きなニジマスが毛バリにかかった。釣りのときナツは退屈そうにしているが、たまに暴れる魚に反応する。渓流魚はナツにとっても食料である。

2017年10月1-9日　日高山脈 幌尻岳

糸納峰山荘（泊）---新冠ポロシリ山荘BC（泊）---幌尻岳---BC---糸納峰山荘

秋のサバイバル登山の新しいエリアを開拓するべく、日高山脈北部に入った。第一目標の新冠川遡行から七ツ沼カールへは、天気が悪く入渓できず、幌尻岳登頂のみに終わる。[亀]

上｜天気のよい日を見計らって、幌尻岳に登頂した。山頂付近は雪山の装い。

下｜避難小屋として開放されている新冠ポロシリ山荘を山旅のベースとして利用させてもらった。

2017年11月2-10日

日高山脈 ペテガリ岳

三石…右九号沢…威別大橋…ペテカリ山荘BC（泊）…ペテガリ岳…BC…威別大橋…三石

元浦川沿いの林道が崩れて閉鎖されていたため、三石ダムからアプローチした。道中でナツが雄鹿を追いだし、撃って、食料とする。運べる分の肉を取った鹿は、下山で回収すべく樹に吊しておいたが、ヒグマに取られてしまった。［亀］

上｜解体時に内臓脂肪をもらって食べる。

下｜とり出された内臓から脂を物色する。

2018年1月15日　猟場 BK尾根

BK尾根でウロウロしていた大イノシシを首尾よく仕留める。ナツにとってはじめてのイノシシ。下ろすのに苦労し、結局、バラして2往復することになった。［亀］

右｜土埃を上げて逃げる半矢の大イノシシを追跡する大捕物だった。
上｜アルプスの水は冷たく、流れは速く、この日ナツは濡れるのを嫌がった。

2018年8月19－21日　中央アルプス 伊奈川

倉本---伊奈川（泊）---宝剣岳---伊奈川---倉本

かつて木曽山脈の登路として使われた花崗岩の清流、伊奈川を遡行。イワナも数は多くないが生息する。ここでも釣り上げたイワナのアラがナツの食料。［亀］

さんざん歩いて私はバテ気味だが、ナツは疲れを見せず耳を立てて獲物を探す。

2019年1月13日　猟場 C沢奥の草原

ナツの狩猟3シーズン目。山に入り、鹿を探して、獲ることを理解した。鹿の反撃能力も把握し、傷ついた鹿に噛み付いたり、半矢の鹿に追いついて、吠えて居場所を知らせることもできるようになった。だが猟銃の射程などは理解していない。［亀］

右頁のすぐ後に出会いがあった。ナツにとって 32 頭目の鹿。この頃から獲物を噛むようになった。

大井川、広河原の徒渉ポイント。暖かく、かつ、歩きはじめの元気なうちは果敢に泳いで川を渡る。

2019年7月6−10日　南アルプス 大井川

奈良田…黒河内（泊）…奈良田越…大井川（泊）…間ノ岳…荒川本谷…奈良田

奈良田越の古道探索で大井川へ。間ノ岳へのロングコースで、下山も古道の野呂川支流荒川本谷をたどった。［亀］

乗越沢出合の野営地で漂うニオイを高鼻で嗅ぐ。南アルプスは鹿が増え、この山旅でもナツは鹿を追って数回いなくなった。

山旅25日目。ヌプントムラウシ川で半矢の鹿に追いつき、ナツは吠えて居場所を知らせた。

2019年10月1日－11月25日
北海道縦断無銭サバイバル
自宅…羽田空港—稚内空港…宗谷岬…天塩岳…層雲峡…沼ノ原…ヌプントムラウシ温泉…佐幌…芽室岳…幌尻岳…ペテガリ岳…襟裳岬…楽古岳…帯広空港—羽田空港…自宅
猟銃を肩に犬と荒野をどこまでも旅するという子どもの頃から思い描いていた夢をナツと実践した。900kmにおよぶ旅の詳細は『北海道犬旅サバイバル』参照。

肩ノ小屋に宿泊し、朝焼けの山頂に立った。ナツは記念撮影が嫌い。

2019年12月8−9日　谷川連峰 谷川岳

天神尾根…谷川岳（肩ノ小屋泊）…天神尾根

はじめての本格的な雪山登山。猟場では深い積雪をものともせず走り回るが、クラストした尾根でのスリップが心配だった。初冬から厳冬期はまだ雪が柔らかく問題ない。寒がっているようすもなかった。［亀］

横浜より廃村のほうがナツは楽しいようだ。縁側のロープは樹の枝落とし作業用。

2020年2月29日　廃村の古民家百之助

廃村生活の初期。土間を打ち直し、窓を作り、周辺の樹々の枝打ちなど、まだ生活の基盤を整え中。廃村生活と廃村でのナツの活躍については『お金に頼らず生きたい君へ』参照。[亀]

2020年2月6−8日　奥秩父 梓川岩小屋

梓山---梓川岩小屋（泊）---梓山

古くから登山者に使われてきた有名な岩小屋に宿泊して、国師岳に登るという計画だった。雪が深く、2日かかってようやく岩小屋に到着し、登頂はあきらめて下山した。［亀］

寒い夜だった。ナツは震えていたが、シュラフに入るのは嫌がった。外国の山岳地帯では犬を暖房器具（懐炉）とする文化がある。

蒜場山の登り。すすんでラッセルすることもあれば、疲れて人の後を歩くこともある。

2020年3月24−25日　飯豊山地 烏帽子山

加治川ダム…蒜場山…高立山…稲葉ノ平コル（泊）…烏帽子山…高立山…蒜場山…加治川ダム

「マイナー 12名山」というカテゴリーがある。道がないため登頂しにくいが山域を代表する風格を持つ名山が12座選ばれている。飯豊烏帽子山は私にとって最後に残ったマイナー名山だった。［亀］

奥の山頂が烏帽子山。クラスト斜面がこのときも気がかりだったが、問題なかった。

朝の寒い時間のため、泳ぐのを嫌がった。深みを担いで渡すが、ナツは不服顔だ。

2020年7月16－19日　下田川内 早出川

一の又沢…アカバ沢出合BC（泊）…ガンガラシバナ基部…BC（泊）…オヒロ淵…BC（泊）…一の又沢

ナツにとっては2回目の早出川。新型コロナウィルスで世界中が自粛ムードのなか、人に会わない渓へ。前回たどり着けなかったガンガラシバナ基部と、広倉沢オヒロ淵を往復した。［亀］

この頃からナツはメンバーがちゃんと歩けているかを心配するようになった。

2020年10月6−8日　日高山脈

コイカクシュサツナイ岳

札内川ヒュッテ…コイカクシュサツナイ川…夏尾根…コイカクシュサツナイ岳…夏尾根…上二俣（泊）…札内川ヒュッテ

北海道開拓民の画家、坂本直行ゆかりのコイカクシュサツナイ岳へ。日高山脈の山頂が次々と冬期初登頂されていた時代、コイカクを狙った北大パーティは雪崩遭難にあった。［亀］

右上｜探索。鹿を追い散らさないようにナツは繋いで鹿を探す。犬と人とどちらが先に見つけるかは、半々。

右下｜射撃。鹿と出会ったら、銃をできるだけ安定させて射撃。

左上｜解体。鹿の内臓を出し、処理をする。沢に鹿を沈めて冷やすこともある。

左下｜運搬。基本的に草の上や雪の上は引きずり、土の上は担ぐ。柴ゾリをつくることも。

2020年11月15日　猟場 C沢

ナツにとって5シーズン目の本州解禁日。通い慣れたC沢へ。解禁当初、鹿は発情期中ということもあり、警戒心が低く、作業道をウロウロしていることが多い。このときも首尾よく鹿に出会うことができた。［高］

百之助で解体精肉する。ナツは解体で出てくる端肉を待つ。

シッケイノ頭への登り。稜線上は強風が抜ける。

2021年3月18−19日

谷川連峰 仙ノ倉山北尾根

土樽---仙ノ倉山北尾根（泊）---仙ノ倉山---平標山---平標新道---土樽

日本でもっとも美しい雪稜のひとつ仙ノ倉山北尾根へ。冬期犬初登だろうか。［亀］

ナツは雪面に背中をこすりつけるのが好きだ。理由はわからない。

仙ノ倉山北尾根、シッケイノ頭の先にある雪崩の心配がない緩傾斜地帯にテントを張って夜を過ごした。

上｜まだ2日目。65頁「長万部の鹿」はこの旅の24日目の出来事。
左｜横岳から赤岳に向かう。厳冬期は雪が柔らかく歩きやすいようだ。

2021年10月9日－11月7日

北海道渡島半島無銭サバイバル

白神岬---大千軒岳---八雲---狩場山---金花湯---長万部岳---新千歳空港

現金もクレジットカードも持たずに北海道を長期間旅するという試みの2回目。ナツがいちばん旅を楽しんでいるように見える。［石］

2022年1月8－10日　八ヶ岳厳冬期全山縦走

スズラン峠…蓼科山…双子山…亀甲池（泊）…北横岳…縞枯山…丸山…天狗岳…オーレン小屋キャンプサイト（泊）…硫黄岳…横岳…赤岳…権現岳…編笠山…小淵沢駅

八ヶ岳全山を歩き通したことがなかった。厳冬期にナツと行ってみることにした。南八ヶ岳の岩稜地帯をナツが滑らずに歩けるのか不安だったが、ここも新雪ならば問題なかった。厳冬期犬初縦走だろうか。

大砂走りを駆け下りる。3時間ほどのハイキングでナツの肉球はすりむけてしまった。

2022年6月3−4日　富士山御殿場口 二ツ塚

太郎坊…二ツ塚…太郎坊

御殿場口から山頂を目指す前日、二ツ塚へハイキングして、大砂走りを下った。翌日の山頂アタックは、ナツは鹿を追って消えてしまい不参加。溶岩の砂礫はヤスリのように足の裏を削るため、富士登山は犬に向かない。[亀]

長万部の鹿

国際芸術祭「あいち2022」に出展するための登山として、二〇二一年の秋、渡島《おしま》半島を縦断する徒歩旅行をナツと石川竜一とともにおこなった。財布もクレジットカードも持たず、獲物を狩って、野宿しながら、渡島半島の山を登る旅である。

その旅の二四日目、長万部《おしゃまんべ》岳を越えて、長万部町に下りてきたときのことである。国道に出る直前、左の斜面につづく砂利道の奥には牧草地があるようだった。もし、その牧草地が広く、奥に森がつづいているとしたら、鹿が好む環境といえた。

覗いてみたほうがいいかもしれない、と思い、砂利道に入ってザックを下ろし、銃を抜き出した。砂利の上に膝をついて、銃を袋から出して組み立てる。そのとき「あ」と石川が頭の上で漏らし、「鹿が鹿が鹿が」とつづいた。

「どこ？」と顔を上げると、砂利道の奥で大きな雄鹿がこちらを見下ろしていた。距離は四〇メートルしか離れていない。ナツはまだ鹿の存在に気がついていないらしい。

急いでザックを立て、銃に弾を装塡し、その銃をザックの上に載せる。照準器を覗くと鹿はまださっきと同じ体勢でこちらを見下ろしていた。照準を胸から首にやや修正し、引き金の指先に力を入れた。ガギッと固いものを噛む感じがして、撃鉄が落ちなかった。

さらに指に力を入れるがなにもかわらない。

銃を確認すると、弾が完全に装塡されずに、ボルトがすこし浮いていた。

あわててボルトを押し込み、上を見上げたが、もう雄鹿はいなかった。

「鹿どうした」

「奥に歩いていきました」

「装塡不良《ジャム》った。まだ歩いているかもしれない。ナツを持ってて」とナツのリードを石川に渡し、抜き足で砂利道を駆け登った。

視界が開けそうなところでスピードを落とし、そっと先の草原を覗きこむ。

雄鹿はまだ奥に向かって歩いていた。距離は一〇〇メートルほどに離れてしまっている。その場に体育座りして、膝に肘を乗せて、銃を構えた。照準器に鹿が載る。鹿が立ち止まってこちらを見た。狙いを定める余裕はなく、引き金を引くしかなかった。

銃声とともに、鹿の身体がビクッと震え、奥に走った。

入った？

そのまま鹿は奥のヤブの中に走り去っていった。うしろでナツが甲高い声を発している。

「ナツどうします」と石川。

「放さないで」

着弾は急所ではない。ナツが追うと傷ついた鹿が元気になり、一緒に遠くに跳んでいってしまう。繋いだまま追ったほうがいい。ナツを受け取って、鹿が立っていたところに走った。すぐに血痕が見つかった。出血量は多くない。ナツに示すが、ナツは「そんなことわかってますよ」と言わんばかりにリードを引く。引かれるままにヤブの中に走り込んだ。

ナツと私の間に灌木が入り、リードが引っかかる。だがナツを解放すると鹿とナツの両方を見失う。ヤブを回避しながら前へ。ナツはヤブの斜面を下方に向かい、そのまま下の牧草地に跳び出した。こんなところを逃げるのか？　足跡を確認するが、複数ついていてわからない。牧草地の入口へ戻る感じでナツがリードを引く。そっちに鹿が逃げるとは思えなかった。

「本当にこっちでいいのか？」とナツに聞く。

草原に立っていた石川が我々を呼び、「いま、鹿がそこを走っていきました」と言う。

え？　撃ったヤツか？　別の鹿？

「傷ついてた？　撃ったヤツ？」

「弱っているようには見えなかったけど」

「どっち行った？」

「そこを降りて行って、車道に出て、立ち止まってましたが、向こうのヤブに入って行きました」

ナツが追っていたラインと重なっている。石川が見たのは撃った鹿で、ナツは正しく追っていたのだ。道路の向こうに跳んだなら、いったん荷物を回収して、道路横断地点から追い直したほうがいい。

「撃ったヤツだと思う。まずザックを回収しよう。長くなるかもしれないけど、大丈夫、追いつける」

最後のひとことは自分に言った。ザックに戻り、道路に出て、鹿が横断した地点に向かった。行き交う車が途切れたときに路上を確認するが、血痕はなかった。道路際をナツと歩くが、ナツの反応もイマイチだ。

なんとなく笹が踏まれてわかれているように見えるところからヤブに入り、少し進んで、ザックを下ろした。ナツの行きたい方に行かせると、ヤブの奥にあった土砂捨て場に出た。大きな雄と思われる新しい足跡がつづいているが、他にも足跡はあり、撃ったヤツかは確信がない。ただ、ナツはそのアシを追ってリードを引く。ナツに合わせて歩調を速めるが、そのまま足跡のついていない空き地に走り込んで、行き詰った。ナツは周辺を嗅ぎ回っている。一時的にニオイを失っただけか、そもそも、撃ったヤ

ナツは山野井さんとも顔見知り。ただ、釣りメインの山旅は退屈そう。

2022年7月2日　奥多摩奥秩父の某沢

登山界のレジェンド山野井泰史さん妙子さん夫婦と山野井さんの隠し沢に釣りに行った。ナツには退屈だったようで、その鬱憤が2日目に爆発し、大きな雄鹿を長々と追い回すことになった。成熟した雄鹿は中型犬に吠えられても、あまり逃げないため、追いかけっこが長くなる。[亀]

ツに付いていないのか。他の鹿のアシと混乱しているのだろうか。

有力に見えたさっきのアシに戻る。足跡をもう一度、ゆっくり追うとナツが鹿道を逸れるように雑草がまばらな荒れ地に入っていった。たしかに新しいアシがつづいているように見える。サイズも大きいが、やはり確信はない。そのまま函館本線の線路脇に出て、線路沿いを南へ。ナツは自信満々でニオイを追っている。

「半矢のヤツなのか？」と声をかけるが、もちろん答えない。ナツを信じて付いていくしかない。

線路を離れて、林の中につづく鹿道に入った。地面にヒヅメで引っ掻いたような新しい跡があるにはあるが……。

そのまま森を抜けた向こう側の林道に出た。大きな水たまりがあって、その横に新しい大きな足跡がついていた。そのアシをひと嗅ぎして、ナツが顔を上げて、リードを引いた。

ナツと一緒に走る。刈り入れの終わった大きな畑に出て、そのまま畑の際を走った。いつ鹿が跳び出してもいい心構えで、二〇〇メートルほど走ったが、ナツは速度を落とし、周辺のニオイを捜している。地面は柔らかいが、新しいアシは見えない。

別のラインかと思い、大きな畑をぐるりと一周するが、畑からつづくどの鹿道にもナツは反応しない。どこでニオイを失ったのだろう。それとも根本的に違うのか？　我々は半矢の鹿を本当に追っているのだろうか。

鹿のアシが交差していて、ナツにもよくわからないようだ。見失ったのか？　どこまでちゃんと追えていたのだろう。

とりあえず畑の入口の水たまりまで戻ると、ナツが地面のニオイを嗅いで、またリードを引っ張った。我々が探索した畑とは逆の林道を降りて行く。こうなるともう、ナツがニオイを追っているのか、散歩を楽しんでいるのかわからない。

林道を進んでいくと知来《ちらい》川に行き当たった。橋はなく、農道はそのまま浅い川を渡っている。トラクターはそのまま渡れるのだろうが、人間が靴の中を濡らさずにこの川を渡ることはできそうにない。

靴の中を濡らしたくない、という思いと、ここまでかというあきらめが重なった。だがナツが何度も私を見上げて「川を渡ろう」と促してくる。「猟は犬に習え」という言葉がある。人間が考え過ぎずに、犬がやりたいようにさせるほうが、猟がうまくいくという先人の教えだ。ここまでできるだけ靴の中を濡らさないように旅してきたのだが……。

つま先走りで川を渡った。ナツはほとんど泳いでいる。対岸に渡ると刈り入れの終わった牧草地が広がっていて、そこへナツが走り込んでいった。ぐっしょりではないものの靴の中は濡れてしまった。牧草地には数筋のアシがつづいている。

新しく見える足跡を追うように走って、牧草地を横断した。牧草地の向こう側は斜面になっていて鹿道が数本ある。そのどれかを登っているなら、途中でしゃがみ込んでいるかもしれない。だが目の前の小尾根を越えていたら、もうあきらめるしかない。

鹿道の入口を順番に嗅ぐもののナツはニオイを見つけられず、あっちに行ったりこっちに行ったりしている。ひとつの筋に入ったので、私もリードに引かれるようにヤブに入った。だがなにも起こらず五メートルで牧草地に戻った。

こうなったらナツを放してみるしかない。もしナツが半矢の鹿に追いついたあげく、鹿もナツも遠くにいってしまったら、今日一日、潰した上に、鹿の回収もできないという可能性もある。

半ばヤケクソでナツを解放した。

ナツは今入ったばかりのヤブの隙間に侵入していった。そっちにいるのだろうかと、ナツの動きに耳を澄ます。ヤブの中を横に移動しているようだ。そのまま音がわからなくなり、待っていたら、四〇メートルほど離れたところからナツが出てきた。

ナツを呼んで、合流し、リードを繋いで、撫でながら謝った。そもそも最初の装塡ミスがなければこんなことにはならず、いまごろは、ウハウハで鹿を解体しているはずだったのだ。

長万部までくれば鹿の生息数が増えることは予想していた。金花湯で出会った人から、今夕から天気が悪くなるという予報を聞いていた。悪天の休養日前に鹿を獲っておきたかった。肉のない日がつづいていたので、今日こそは本当に獲物が欲しかった。

その状況で出会った絶好の雄鹿を、装塡不良というやってはいけないメカニカルトラブルで、逸してしまったのだ。装塡不良の元凶は弾代をケチって古い装弾を使っている私の貧乏根性だった。

「残念だけどあの雄鹿はあきらめよう」とナツにつぶやいた。傷つけてしまった鹿にも申し訳ない。これから数時間以内に別の鹿に出会って、今夜からの雨に備えられるだろうか。

来た道を戻ろうとする私に抗うように、ナツは地面のニオイを嗅ぎ、訴えるように見つめてきた。それを無理に引っ張って、とぼとぼと道を戻った。

靴をわずかに濡らして渡った川をつま先走りでもう一度渡った。新しい足跡がついた大きな水たまりまで戻った。その周辺には私の靴跡とナツの足跡が入り乱れていた。

我々の足跡のあいだに残された鹿の足跡のニオイを再びナツが嗅いだ。そして「閃いた」という感じでブルッと身体を震わせ、反転して、激しくリードを引いた。

近頃は、獲物が獲れずに帰ろうとすると、帰りたくないナツはあたかも「有望なニオイ」を嗅ぎ付けたかのような演技をすることがあった（新しい足跡とセットになっていないので演技だとわかる）。

　私の中では、もう雄鹿の追跡行は終わっていた。だから「もういいよ」とナツに声をかけてリードを引いた。

　だがナツは「今回ばかりは妥協できません」という感じで抵抗した。いつもとすこし感じが違う。

「猟は犬に習え」という言葉がまた頭に浮かび、最後にもう一回だけ、ナツに付き合ってみるかと思い直した。

　林道を戻り、川を渡った。靴にまた水が入った。刈り入れの終わった牧草地の入口でナツを放した。ナツは牧草地を駆けていく。私はその姿を見ながらゆっくりとあとを追った。

　ナツが走って向かったのはさっき一回入ったかすかな鹿道だった。

「そこかよ。そこはさっき調べて、いなかったところだろ」と私はがっくりして歩みを止めた。

　それを見たナツがヤブに入り、またすぐに出てきて私を見た。そして同じ鹿道に入るようなそぶりだけして、また、私を見た。それはいかにも「早く来てください」と言わんばかりだった。

「もしかして……」と駆け足になった私を確認して、ナツは本格的にヤブにつづく鹿道に入っていった。

　私は急いで鹿道の入口まで行き、ヤブの中に耳を澄ませた。

　唐突にワンワンワンワンとナツの大きな吠え声がヤブに響き、バスバスバスという鹿がヤブの中を跳ねる音がつづいた。ナツの吠え声は鹿の足音に合わせて遠のいていく。

　よし、と心が沸き立ち、私もヤブに突入した。

よし！みつけたぞ！ナツがみつけた！という思いが頭の中で爆発した。この三〇分ほどのことが怒濤のように頭の中を駆け巡った。鈍臭いホモ・サピエンスにはわからないことが、ナツにはわかっていたのだ。いや、ナツはちゃんと最初から、探索と試行錯誤を繰り返して、獲物に迫っていたのだ。それを理解できなかった自分の浅はかさが情けない。「いいぞナツ、いいぞ。いけいけ」とヤブを漕ぎながらかける声が震えた。

　灌木で笹ヤブが薄くなったところで、少しだけ見通しが開けた。大きな雄鹿が土手に乗り上がり、すぐ三〇メートルほど先で私を見下ろしていた。弾を装填し、銃をあげようとしたところで、鹿が土手の向こう側に跳んだ。ナツも吠えながらそれを追って土手を越えていく。撃鉄を下ろして、私もあとを追った。

　鹿が対岸へ渡って小走りで下流へ飛び跳ねてい

強風の頂上から小太郎山分岐の風下に逃げ込むと、湿った雲からの風でナツも雪化粧。

2022年12月7−9日　南アルプス 北岳

大武川---広河原峠---広河原BC（泊）---北岳---BC（泊）---広河原峠---大武川

古道広河原峠を越えて広河原にBCを作り、御池小屋経由で北岳に登った。予報より天気の回復が遅れ、西高東低の強風の中の登頂になった。ナツは背が低いからか、強風を気にしていなかった。

く。射撃のチャンスがあるかもしれないと身構えるが、泳ぐように川を渡ったナツが吠えながら鹿に迫り、刺激された鹿がさらに下流に跳んだ。私も土手から駆け下りて川を渡る。靴が水没したがそんなことを気にしている場合ではない。

鹿を追って、ナツが下流へ走っていった。私も浸水してガポガポの靴で河原を走った。もう一度、対岸に渡った鹿が、白いお尻だけを見せて遠のいていく。ナツが離されてそのあとを追う。

本気で走る四つ足動物たちには、まったくかなわなかった。一頭一匹の姿はすぐに見えなくなってしまった。息を切らせながらよたよたと下流に向かった。ふと、もし鹿とナツが川を離れてヤブに入っていたら、と不安になった。その地点を気づかず通り過ぎると、私だけ明後日の方向に行くことになる。

歩調をゆるめて慎重に川を下っていると、ナツのかすかな吠え声が右手の奥から聞こえた気がした。動きを止めて耳を澄ます。たしかに吠えている。鹿が立ち止まったのだ。

三たび川を渡り、対岸の土手を上がると、刈り入れの終わった畑だった。ナツの吠え声はつづいている。こちらも大声を出して励ましたいが、人間の接近を鹿が気取《けど》ったら、また跳んでしまうかもしれない。がんばれがんばれと心の中でナツを励ましながら広い畑の柔らかい土の上をよたよた走った。

少しずつナツの声が大きくなり、畑の向こうの灌木の中に鹿の姿が見えた。ナツに牽制され、ナツを見下ろすようにたたずんでいる。

喘ぎながら、ヨロヨロと接近し、何度か大きく息を吸って、呼吸を整え、腰を下ろして、銃を構えた。鹿に跳ぶようすはない。周辺とナツの位置を確認し、撃鉄を上げて、照準を首に合わせ、引き金を引いた。

銃声とともに鹿がその場で倒れ、ナツがそれを見て火がついたように噛み付いた。

ぜーぜー喘ぎながら、一匹と一頭に近づいて、ナツを鹿から離そうとするが、ナツがするりと私の腕をかわして逃げる。「モモ肉は噛むな」と声をかけ、ウエストポーチからナイフを出し、大きな雄鹿の大動脈を切り開いた。放血が進むように鹿の首を低いほうに回そうとするが、重くてほとんど動かすことができなかった。

ゆっくり、そっとナツに手を伸ばしたら、ナツはその場で動かずに受け入れてくれた。

「よしよし、エラかったなぁ、おまえは本当にすごい犬だなぁ」と声をかけながら撫で回した。一連の流れが思い出されて、胸が熱くなり、声が震えた。ナツはまだ興奮を抑えることができずに、面白くなさそうな表情のまま撫でられていた。

こんな旅がしたかったんだ、と二回、心の中で思った。

ナツの大ケガ

二〇二二年九月一〇日。大事件なので日付がはっきりしている。

廃村の古民家に滞在している日の午前中、ナツは私をなんとなく見張っている。猟や山歩き（長い散歩）に行く日かどうか、私の動向を探っているのだ。犬を相手にその手のことを隠すことはできない。人間は隠しているつもりでも、犬にとっては明らかなサインがいくつかあるらしい。

その日は、やらなくてはならない秋の菜園作業がたくさんあった。外出はせいぜい一〇〇メートル離れた畑に行くくらい。午前中はいつものように原稿をやり、頭が疲れて椅子に座っているのが耐えられなくなった昼前に、私は野良着に着替えて畑に出た。

それを見送るナツは「どこにも行かない日」にちょっと不満そうな顔をして、いつもの場所に寝転んでいた。庭の西端の大岩の上、庭の真ん中の草の上、濡れ縁の毛布の上の三つが定位置で、干している布団の陰や五右衛門風呂の陰などのバリエーションがあり、気温や気分や天候でそれらの場所をローテーションする。

農作業と農作業の合間に、蒔くべき種や道具を取りに百之助に戻るとナツの姿がなかった。天気がよいのに遠出をしないとわかると、ナツは単独で散歩に出ることがある。たいていは百之助より上の山に行っているようだ。短いときは三〇分ほどで帰ってくるが、長いときは半日留守にして、暗くなってから戻ることもある。平均してひとり歩きの長さは二時間くらいだろう。

横浜に戻る日にひとりで散歩に出てしまうこともある（横浜への移動日であることはナツはなぜか気取らない。たぶん戻りたくないのだろう）。そんなときは予定を狂わされてちょっと困る。そうではなくても、ひとり歩きはやっぱり心配だ。かわいい子には旅をさせろとわかっているし、単独行動は人や犬を成長させることも承知している。ナツもひとり歩きをすると、何らかの経験値を増やしたのか、戻ってきたあとは少し満足そうな顔をしている。

そのときも、ひとり歩きに出たなと思いつつ、中ノ畑に戻って作業を続けた。次に百之助に戻っても、ナツは帰っていなかった。裏ノ畑を少し整理して、一五時頃に庭に戻った。ナツはまだ帰っていなかった。ここ数週間、上の林道でそこそこの規模で修復工事をやっていた。その工事に近づきすぎてなにかアクシデントがあったのではないかとチラリと考えた。他にも林道を走る車に轢かれること、沢への転落、岩場からの転落、ケモノとの遭遇などがいつも心配である。事故でいのちを落とすのは生き物なので仕方がない。だが、ナツがどこかで野垂れ死んだら、私は永遠に何が起こったのか知らずに、ナツを待ちつづけることになる。それは精神的にキツい時間にちがいない。

五右衛門風呂用の薪を整えていたところにナツがひょっこりと帰ってきた。その姿を見ただけで気持ちがぱっと明るくなり「ようナツ。長いひとり歩きだったな」と声をかけた。だがいつもと反応が違った。頭を低くして耳を伏せて、庭に入ってこなかった。家の前で歩くのをやめたナツは脚を引きずっているように見えた。

「ナツ？」と声をかけると、ナツが脚を引きずりながら庭に入ってきた。チラッとみえた前脚が赤い。サクられ(切られ)たか？　と迎え入れるようにナツを捕まえると、前脚を隠そうとした。その隠した前脚をそっと手に取る。ナツがビクリと身震いした。自分の見ているものがにわかに信じられなかった。右前脚の皮が長さ一〇センチ、幅三センチほどでずるりと剝がれ、筋肉と筋が見えていた。

とんでもない大ケガだった。ぞっとして、思考が一気に渦巻いた。

私のやるべきことはなにか。治療？　洗浄？　ガムテープ？　放置しても治るのか？　皮を引っ張ってテーピングを巻くか？　その前にやはり洗浄だろう。皮はずるりと垂れ下がり、傷口にはすでに土がついている。

頭の中を飛び交う単語のなかに、安楽死、が交じっていた。たとえ将来その決断が必要だとしても、今はそのことを考えるときではない。

いったんナツをリードで繋ぎ、ケガをしている脚を持って傷口の近くに触れてみた。ナツは嫌がって脚を引く。顔には失敗したときの情けない表情を浮かべていた。庭に下ろすと右前脚をかばうように立ち、少し傷を舐めた。自分のやった大失態と自分の身に起こったことを理解している。どうする？　どう治療する？　もしくは何もしなくていいのか？　「どうしよう」ばかりで、具体的な行動に結びつく解答がない。

もうナツと一緒に長旅をしたり、鹿を追って駆け回ったりすることができないのか。そのうえ、ナツの寿命が尽きるまで、うまく歩けない犬と何年も暮らすのか？　駆け回れなくなったナツにとってこの世は生きつづける価値があるのか。安楽死、という言葉が再び頭に浮かび、今、考えることじゃない、と別の選択肢を検討しようとするのだが、もうナツと旅できないかもしれないというショックに思考が遮られてしまう。

2023年4月8−11日

南アルプス 聖岳東尾根

新倉…伝付峠（泊）…聖岳東尾根（泊）…聖岳…聖岳東尾根…伝付峠（泊）…新倉

積雪期に登ったことがなかった聖岳を目指して、初級バリエーションの東尾根を登る。リニア工事中断中の大井川林道は犬の散歩に最適だった。山は春の雪稜になるためクラスト斜面が心配だった。

上｜テントの中のナツ。我が家ではナツは俳優の吉岡里帆（さん）に似ているということになっている。

下｜ナツの滑落対策にリードを繋ぐという当たり前の解決策。

土間のテーブルからカメラを持ってきて、右前脚を浮かしたまま、寝転がることもできないナツを写真に収めた。シャッターを押しながら、こんなことをしている場合なのかと自分の行動をいぶかしんだ。だが、横浜にいる家族に、なにが起こったのか説明するための資料がいる。

写真撮影という他人事めいた行為が、思いがけず状況を客観視させてくれた。

医者だ。病院に行けばよいのだ。気がつけば当たり前の選択だった。チームで猟をしていたときに、犬がイノシシにサクられたら、小さいケガのときはガムテープを巻いて終了、大きなケガのときは獣医に連れて行って縫ってもらっていた。

かかりつけの動物病院は横浜である。そこまで運ぶ猶予はない。下の街に獣医はあるのだろうか。Ｗｉ‐Ｆｉのスイッチを入れて、ＰＣを立ち上げた。時計を見ると一六時だった。土曜日であることも思い出した。

街の名前と「動物病院」の二項目で検索をかけると二院ヒットした。Ｏ医院が開業中で、チラリと見えたレビューの評価が高かった。獣医というのは悪徳金儲け主義と、誠実良心主義のどちらかに二極化する。そして、前者のほうが圧倒的に多い。だがＯ医院は誠実な獣医の予感があった、縋るような気持ちで電話してみた。電話に出たのは女性の看護師さんだった。

「犬が大ケガをしてしまったのですが、これから診ていただけますか」

「大丈夫ですよ。どのようなケガですか」

「えっと、前脚の皮がずるりと剥けて、中の肉が見えています。かなりの大ケガだと思います」ちょっと混乱してうまく伝えられない。

「ケガの原因はなんですか」電話口の雰囲気から、私が混乱して大げさに言っているといぶかしんでいる雰囲気が伝わってきた。

「それがちょっとわからなくて……」

「え？」という看護師さんの反応が非難めいて聞こえた。私がそう感じただけかもしれない。普通に飼っていてケガの理由がわからないわけがない。わからないのではなく、虐待してケガさせたから言えないのではないかと思われているのではないか……。ほんの短い合間に私はそんなことを邪推していた。

「いや、あの、山の中に住んでいるので、放していて、ひとり歩きから帰ってきたら、ケガをしていて……。何か鋭利なもので脚を挟まれた感じです」

「……わかりました」

「山の奥に住んでいるので、そちらに行けるまで三〇分ほどかかるのですが」

ふと、お金あったっけ？　と気がついて、「いくらぐらいかかりますか？」と聞いてしまった。ここでも看護師さんの反応は「え？」だった。それは治療費を聞いて高額だったら、治療に来ないって言うの？　という非難に聞こえた。手持ちの現金を心配しているのだと伝えようとしたところで、「数針縫うことになっても一万円くらいです」と看護師さんが教えてくれた。

　電話を切って、財布の中身を確認した。冷静に考えたら街に下りるのだから、コンビニで現金を下ろすことができる。他に必要なものは……と考えたが、なにもなかった。ＰＣでＯ医院の場所をよく確認し、頭の中で道順をきっちりイメージした。おそらく私は少々動転している。いつも以上に安全運転と自分に言い聞かせた。

　ナツを抱きかかえてバイクを停めている広場まで小走りで下りた。バイクの荷台のツールケースに入れるときにいつもは少し抵抗するナツも、今回ばかりは素直に収まった。焦るな、ゆっくりでいい、と自分に言い聞かせながら、発進した。

　焦るな焦るなとずっと自分に言い聞かせながら丁寧なブレーキ操作で山を下りた。里のバス道路に出て、広い直線道路に出たところで、ふっと弱気が心に忍び込み、泣きたくなった。だが今は泣いている場合ではない。

　標高を下げていくと車が増えたので、余計なことを考えずに運転に集中できた。市街地に入って、線路をくぐり、出発前の予想ではこのあたりだったはずだけど、と思ったら、ログハウス風の建物にＯ医院の看板が出ていた。駐車場に入り、ナツを出して、病院のドアを開けた。

「先ほど電話をした服部です。犬がケガをして」

「はいはい」とニコニコしていた看護師さんがナツの前脚を見て、顔色を変えた。だから大ケガって言ったじゃん、と言いたかったが、もちろん言わない。看護師さんがいったん奥を確認し、「待合室でお待ちください」と問診票が載ったボードを差し出した。病院に来た安心感からか、また泣きたくなったが、もちろん泣かない。「もう大丈夫だからな」とナツに声をかけながら、問診票に記入する。目の前のドアが開き、診察室から小さな犬とおばあさんが出てきて、ナツの脚を見て「まあ、どうしたの」と目を剝いた。

「服部さん、どうぞ」と奥から声がして、中に入った。穏やかで落ち着いた感じの、ひと目見て信用できると感じさせるドクターだった。

「噛み癖がありますか？」

「普段は噛みません。でも今はちょっと混乱しているかも……」

「これを付けていただけますか」と言われナツの口にマスクを付ける。ケガに関する私の具体性のない報告を聞きながら、前脚をのぞき込むドクターが

「あれ、ちょっと有名なワンちゃんかな」と問診票を手に取った。テレビや雑誌にちょくちょく出ているナツのことを知っているらしい。そんな些細なことで私の胸の奥がじんわり温かくなったが、その話はそれきりで、先生はナツのケガに集中していた。

「ケガして少し時間が経ってしまっているので、うまく付くかわかりませんが、洗浄して縫ってみましょう」

「ハイお願いします」

「全身麻酔になります。稀に麻酔で心臓が止まってしまうワンちゃんもいます。心電図でモニターしながら気をつけてやりますが、もしかしてということもご承知おきください」

「ハイお願いします」

「それでは待合室でお待ちください」

　立ち会わせてもらえないのだろうか、とチラリと思いつつ、診察室を出た。落ち着いて座っていることができなかった。ちょっと立ち上がって、ウロウロして、また座って、大丈夫かなと奥を覗くが何も見えない。手術室の前をウロウロする昭和の安いドラマそのままだった。もう任せるしかないんだと思うが、もしかしたら温かいナツを抱くことはもうできないかもしれないと思うと、また、泣きたくなった。

「服部さんちょっといいですか」と中から声をかけられて、容体の急変か、と慌てて中に入った。診察室に入ると、ナツの頭に宇宙服のような透明なボールがかぶせてあり、ナツは麻酔で眠っていた。先生がだらりと剝がれた毛皮をピンセットで摘まみながら、「これから洗って縫合しますね。うまくくっつくかはわかりません。この瞼とこの瞼が切れています」と二つの瞼を指す。

「ずっと不自由ですか？」

「縫合はしますが……ちょっとわからないですね。それでは待合室でお待ちください」

　なんのために呼ばれたんだろ、と思ったが、丁寧に説明してくれたらしい。座っていると泣きたくなるので、気を紛らわすためにまた狭い待合室をウロウロする。マダニによる感染症のポスターしか見るものはない。

　しばらくしてまた中から呼ばれ、入ると眠ったままのナツの前脚を洗浄中だった。床に水がこぼれることを気にせず生理的食塩水をドバドバかけている。診察室の造りは厨房とおなじようだ。

「毛を剃って洗ってみましたが細かい汚れはどうしても……」と言いながら先生が筋にへばりついた小さな茶色い点々を指し示した。枯れ葉の粉のようなものがいくつか残っている。この手の汚れを取るには肉ごと削がなくてはならないことを、私も獲物の解体で知っていた。

2023年7月24日　廃村 百之助の玄関

長い散歩に行かない日はナツはひとりで山に散歩に出る。この日も3時間ほど留守にしていた。なにをしてなにを見てきたのか話してほしい。[鈴]

「このくらいで縫合していいですか。感染症にはならないと思うのですが」

「ハイお願いします」

「それではまた待合室のほうで」

三たび、昭和のドラマ状態で待合室をウロウロするが、O先生との巡り逢いに、最善の道を歩んでいる手応えがあり、もう泣きたい気持ちは薄れていた。

次に呼ばれたときは縫合が済んでいた。ざっと二〇針は縫っている。

「溶ける糸で縫っています。麻酔が効いているうちに念のため右前脚のレントゲンを撮りたいんですが」

「ハイお願いします」

「それじゃまた待合室で」

それにしても丁寧な対応だなと思っていたら、突然ナツの甲高い叫び声が聞こえてきた。「服部さーん。すいませーん」と声をかけられて中に入ると、先生に抱えられたナツが鳴き叫んでもがいていた。

「レントゲンを撮っていたら麻酔が切れてしまって……。傷が相当痛いと思います……」という先生からナツを受け取る。「混乱してるので噛むかもしれませんよ」

「ナツ、もう大丈夫だよ、エラかったなあ」

私の腕の中でナツがすぐに静かになった。生き物だけが持つぬくもりが腕全体から伝わってきて、胸から染みこんでくる。ナツが生きて帰ってきてくれた。右前脚にはテーピングが巻かれ、首には歯でテーピングを取らないようにエリザベスカラー（というプラスチックの襟巻き）が付けられた。

診察と治療と化膿止めの抗生物質代を含めて、治療費は三万六〇〇〇円だった。だから言ったじゃんとは言わずに、丁寧にお礼を言って、病院をあとにした。

ナツの右前脚は普段の倍くらいに腫れあがっていた。骨には異常がなく、あとは癒着するのを待つばかりである。皮がうまく付かなかったらどうなるのか先生に聞いてあった。感染症にならなければ、ケロイド状にはなるものの、皮は周りから再生して、筋肉を最終的には覆うとのことだった。最悪、病院に行かずに放置していても、幸運が重なれば傷は塞がったということだ。

あまりにも腫れているので、うっ血するのではと心配になり、テーピングをそっと切り離して、ゆるく巻き直した。ナツは我慢して、私のしたいようにさせている。

翌日「横浜に入院」と言って自宅に戻った。家族も心配して、甘やかしていたが、二日後には歩くようになり、三日後にはもう軽く走っていた。

一〇月の頭に予定している北海道大雪山系の山旅には間に合いそうだった。

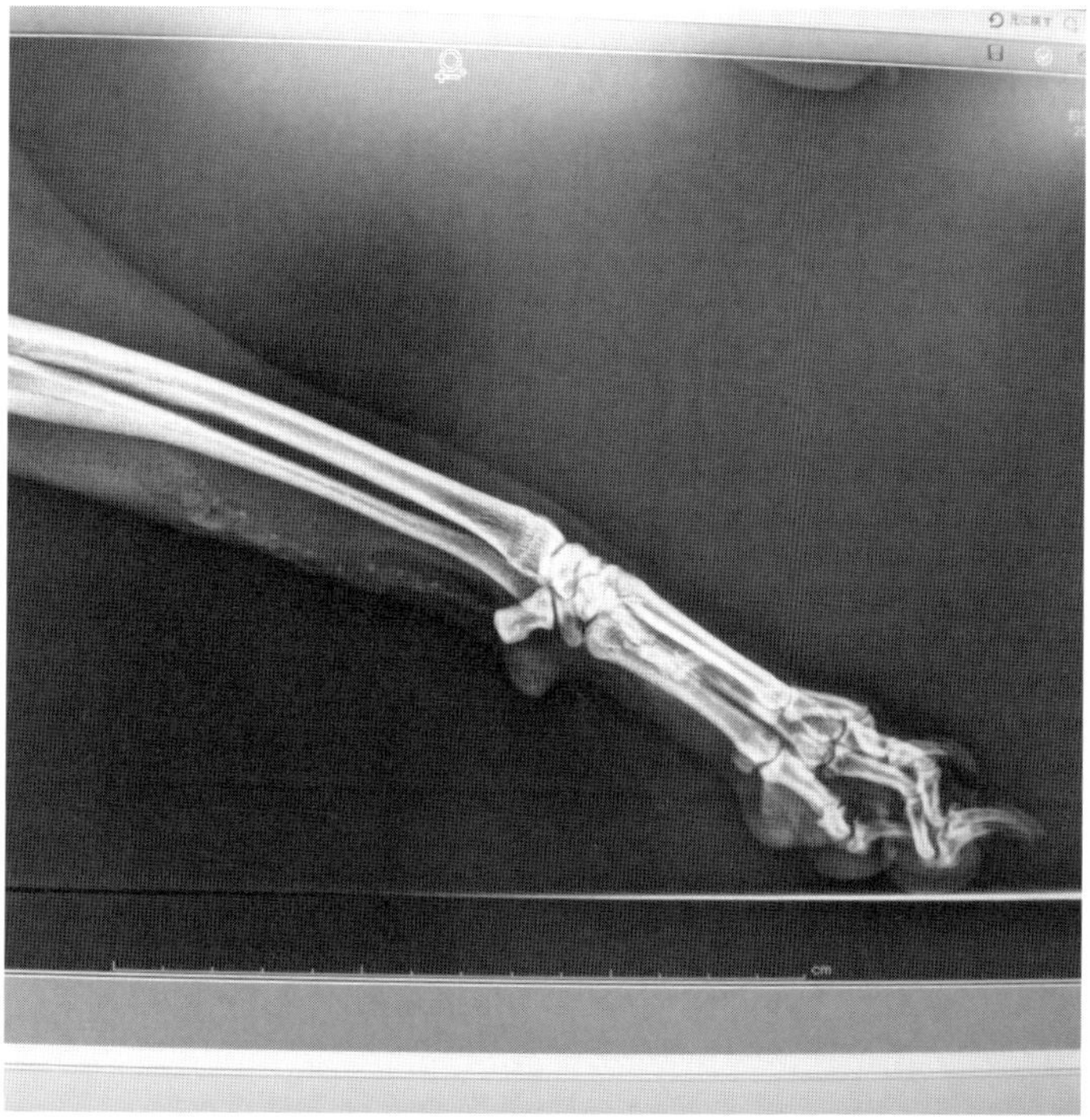

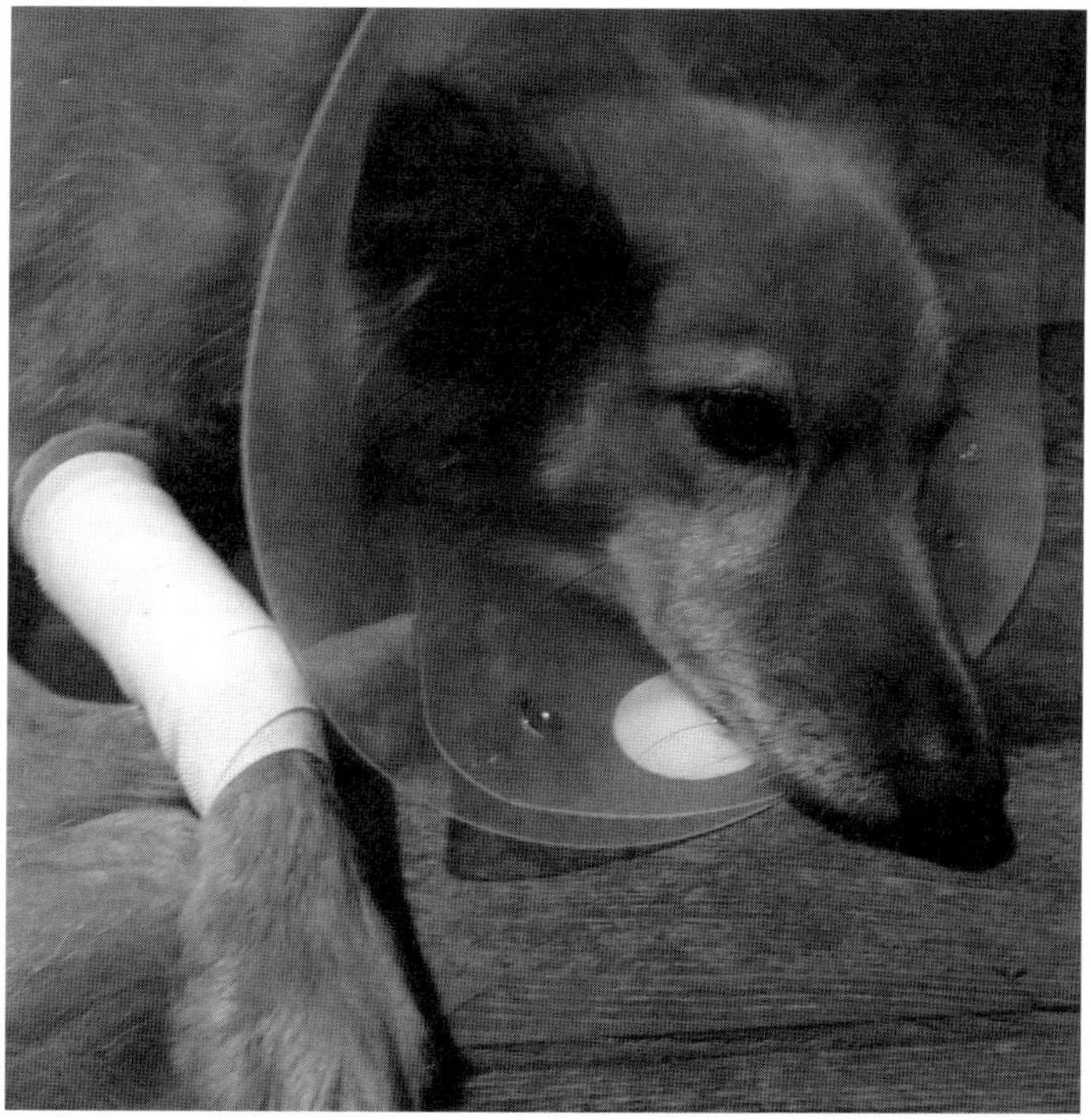

上｜右前脚のレントゲン写真。骨に異常はなかった。
下｜病院から帰ったナツ。ケガの原因は未だわからない。

横浜のナツ

第一のテリトリー、もしくは第二のテリトリーと認識しているのだろうか。廃村の古民家から横浜に戻ると、家族へのあいさつもそこそこに、ナツはまず、ヤマト（ネコ）の食べ残しのエサをあさる。お椀に残るキャットフードをボリボリ食べて、そのあと、食べ物が落ちていないか台所の周辺を嗅ぎ回り、ときにはゴミ箱にまで顔を突っ込んで怒られる。百之助ではりりしい猟犬だが、横浜では卑しい野良犬である。街は生き物を卑しくするのかもしれない。

横浜でも私は日の出とともに起きる。一階の居間に寝転がっていたナツも、私が二階から下りてくる音で目を覚まし、寝転んだまま尻尾をパタパタ振って、存在を示す。私はナツを軽く撫でてから、小便を済ます。

浄水を五〇〇ミリリットルほど入れた鍋を火にかけ、いつもの手順でチャイを淹れる。材料がすべて入り、煮込めばよい状態になったら、極弱火にして野良着に着替える。

ナツが近づいてきて私がはいたズボンのニオイを嗅いで、窓辺に移動し、庭に面するガラス戸が開くのを待つ。ナツはズボンのニオイで私の目的を推察する。といっても、裏山への散歩はほぼ毎朝のルーティンだ。

チャイは煮立ってから少し蒸らしたほうがおいしい。だがナツは舌バカなうえに熱いものが苦手なので、ナツのぶんのチャイは取り分けて冷ましておく。ナツと一緒に庭に出て、庭の斜面を下りていく。ナツは夜のうちに庭に侵入してきたタヌキやイタチなどのニオイをあちこち探っている。私は大鎌を持って、庭から地続きの裏山に登る。ナツはニオイを嗅ぎ回りながら駆け上っていき、排便して、また駆けていく。山旅から帰った翌日は駆け上らずに、だるそうに歩いているので、犬にも疲労や筋肉痛があることがわかる。

私は、留守中に伸びた草を、ナツを一緒に刈らないように気をつけながら刈りつつ前進する。竹ヤブを過ぎると梅林があり、そこに私のトイレが掘ってある。便意があれば用を足すし、なければ無理にひねり出すことはない。梅の樹や栗の樹を確認して、刈るべき草があればナツが近くにいないことをよく確認してから鎌を振る。庭の薪置き場に運ぶべき薪があれば背負子にくくりつけて、山を下りる。ナツはひとりで山のさらに奥に行くことが多い。疲れていたら私と一緒に家に戻る。

家に戻ったら、私は表に回って朝刊を取ってから家に入る。チャイがよく蒸らされたか確認する。ナツが一緒に戻っていれば、冷ましておいたチャイをやり、まだひとり歩きから戻っていなければエサのボウルに入れて、テーブルの上などに置いておく。

我が家に来て数ヶ月で、ナツは朝の裏山散歩中に私から離れ、帰ってこなくなった。地続きのよその家に出没してしまうとやっかいなので、遠くに行くなと言い聞かせ、帰ったら褒美にチャイをやるようにしたのが、朝のチャイのはじまりだった。ひとりで山をうろついて帰ってくるが、よその家の庭に出たりはしていないようである。

散歩から帰ったら私はチャイを飲みながら原稿を書く。ナツは濡れ縁に寝転がって、庭を見ている。横浜での私は、都心で用事があったり、事務手続きで出かけたり、家の修繕に追われたりと忙しい。ナツは自分がお呼びでないことを悟っていて、いろいろなところでふてくされたように寝転がっている。よくこんなに眠れるなあ、と思うくらい眠っている。そんな犬を見ていると、人間もちょくちょく眠るほうがいいのではないかと思えてくる。ときどきいなくなることもあるが、しばらくするとつまらなそうに裏山から帰ってくる。

夕方に家族の誰かが、リードを付けて、住宅街に散歩に出ることもある。だが、北海道を喜んで数百キロ歩くナツは、住宅街の散歩が好きではなく、家の周りのニオイを確認し、小便をしたら、五〇メートルくらいで進むのを拒否することが多い。散歩に出ているうちに私がいなくなってしまうことを怖れているのかもしれない。ただ、私が住宅街の散歩に連れ出そうとしても歩きたがらないこともある。

都心での用事から私が帰ってくるのを、縁側の上で見つけると近所迷惑なほどはしゃぎ回る。一方、眠り込んでいて、私が家に入ってくるまで帰ってきたことに気がつかないと、恥ずかしそうにして頭を低くしている。

メインのエサは夕方に与える。鹿肉を食べさせていたら、安いドッグフードを食べなくなってしまい、ナツのエサは高級な英国製のドッグフードである。人間がイワシやアジの刺身を食べるときはそのアラを茹でてやる。イワシのアラのほうが好きなようだ。エサが終わったらまたつまらなそうに寝転んでいる。私は風呂に入り二一時には寝てしまう。遅くまで起きている家族がナツと何をしているのかは知らない。

山に行く用意をはじめるとナツもそわそわし出すが、「出発は明日だよ」と言えばわかるようである。

犬のしあわせ

カヌーイストで作家の野田知佑さんと知遇があり、ほんの数えるほどだが、野田さんの家に遊びに行ったことがある。野田さんは犬と長旅をする大先輩だが、その野田さんが犬のしつけについてぼそりと言った。

「放しておけば、自分で考えるようになる」

常識とルールに縛られて世界観が凝り固まってしまった現代人より、犬のほうがよっぽどまともであると、犬に人格（犬格）を認めて、対等に付き合っていくのが野田さん流だ。

「芸はしこまない」とも言っていた。

人間に命令を受け、それを果たすことに、生きがいを感じる犬種もあるらしい。野田さんのところのアレックスとハナは牧羊犬だったので、コマンドに応えたいという思いもあったかもしれないが、二匹（ふたり）は野田さんちの広い敷地を自由に歩き回り、川や海でカヌーに乗ったり、泳いだり、河原や砂浜を走り回ったりしていた。その目つきと行動から、二匹が自分で判断していることは充分に伝わってきた。とくに愛嬌のある恐竜のような顔をしたアレックスは、野田さん宅に遊びに来た人が帰る時間が嫌いで、お客さんが出発するときにプイとどこかに消えていった。私が家族五人で遊びにいって帰るときにも、最寄りの無人駅まで一緒に歩いてきたのに、列車がホームに入ってきたら、待合所で尻を向け、こちらをまったく見なかった。

「アレックスの離別拒否症だ」と私は笑ったものの、そのアレックスの背中（というかお尻）は泣いているようだった。アレックスは「みんながたとえ帰るとしても、私はそのことを受け入れない。すくなくともこの目で見たくない」という想いを行動で示していた。そんなアレックスの後ろ姿を閉まる列車のドア越しに見ていて、私はジーンとしてしまった。

ナツも自分で考え、判断できる犬になってほしかった。人間の言葉（単語）を一〇〇くらい覚える犬もいるらしい。ナツが日本語を理解するようになるためにはドンドン話しかけなくてはならない。ナツが我が家にやってきたとき、人間の赤ちゃんと同じようにたくさん話しかけてやってと家族に頼んだ。

「猟師（飼い主）以上の猟犬はできない」という言い回しが狩猟の世界にはある。猟師の腕の限界が、猟犬の芸の限界になるということである。獲物を見せないで獲物を理解できるわけがない。獲物を獲って見せられなければ、猟犬は狩猟とはなにかを理解できない。猟師が山を歩き回れなければ、猟犬も山を歩き回れるようにはならない。飼い主が暮らす世界より広い世界に、飼い犬が飛び込んでいくことはない。もしそんなことが起きたら飼い主と飼い犬という「群れの形態」が逆転してしまうだろう。

ナツの人格ならぬ犬格が固まるまでに、どれだけ広い世界を体験させることができるか。ナツが私にとって喜ばしく、ナツ自身にとっても喜ばしい犬になれるかどうか。その多くは私に課せられていた。

狩猟の修業時代に猟犬の生き様を見てきたため、犬の幸福に関してはそこそこ考えてきた。猟犬は総じて短命である。イノシシの牙でサクられて、命を落とすことが多い。出猟するたびに、へとへとになるまで野山を駆け回るが、座敷犬のように恵まれた環境で疲れを癒すこともない。

だがそんな猟犬たちは不幸そうに見えない。彼らに犬生観を問いただしたことはないが、猟犬たちは困難と危険を承知の上で、自ら進んで狩猟に参加しているように見える。週末に飼い主の猟仲間が集まるのを察知しただけで、早くケモノを追いかけさせろと、興奮して吠えている。ケガなどで猟に連れて行ってもらえないときは、痛ましいほどに嘆き鳴く。

テレビ番組の『ダーウィンが来た！』でネコを取り上げていたとき、野良猫の平均寿命は五歳ほどと紹介されていた。飼い猫の半分以下といったところである。猟犬も似たようなものだ。

ハードな仕事を与えられ、自分の持つ才能を発揮して太く短く生きるのと、座敷犬として平和に長生きするのと、どちらが犬にとって幸せなのだろうか。

もし両取りできて「ハードに長く生きられる」なら満足度は高そうだ。だがハードに生きたすべての犬が長寿であることはない。確率はシリアスである。野生に近ければ、どうしても早死にするものと、運良く生き残るものが存在する。登山と同じだ。

いのちは得がたい貴重な宝だが、宝物と違って大事にしまっておいても意味がない。身体は「宝物」ではなく、使い込んで価値が生まれる「道具」である。感覚器官（センサー）も兼ねているので「装置」ということもできる。装置はスイッチを入れて動かさないと存在意味がない。しかも身体という装置は、きちんと動かせば動かすほど性能が向上し、動かさないと衰えてダメになってしまう。動かしすぎて壊れてしまうこともあるが、壊さないギリギリのところまで正しく使い込んだときに、その装置が可能な最大限のことを為すことができる。

「いのちが乗っかった身体を使って世界を経験していくこと」が、登山を始めたころからイメージしている私の生き方である。とくに若いときは、次の登山で死ぬかもしれないと胃腸の調子が悪くなるほど怯えながらも、週末になれば絶対命令のように山に向かった。なぜそこまでして登るのかを自問し続けるなかで、自分を大事に保存しておいてもいつか年老いて死ぬ→そんな人生は退屈である→ならば次の登山で死ぬとしても自分の体を使って世界を経験したい、と考えた。それには自分を世界に露出させるしかなかった。その考えは今でも変わっていない。

変わっていないどころか、犬と旅をするようになって、同じことを考え、結局同じ結論に達している。だが今は、死ぬかもしれないのは私ではなくナツである。犬は危うい。

いのちを失うことになっても旅に出るほうがナツにとっては幸福なのか、家でゴロゴロしながら長生きするほうが幸福なのだろうか。

『野生の呼び声』で名高い作家のジャック・ロンドンは犬に関する物語を多数世に出しているが、その中のひとつ「ブラウン・ウルフ」（『犬物語』スイッチ・パブリッシングに収録）で、犬の生き方と幸せに関する見解を明確に表明している。

なにかのトラブルで飼い主の下に戻れなかった迷い犬が、ある裕福な家庭に拾われ、新しい家族と満ち足りた生活を送る。そこに犬ゾリで郵便を配達する男が現れ、その犬は盗まれた私の犬だと主張する。裕福な家庭の夫婦は、この犬は我が家で幸せに暮らしているという。郵便配達人はそれを認めたうえで言う。犬が私の下に戻っても、過酷な労働の日々が待っており、しかも、肉体を酷使するソリ犬は長生きできない。だがそれでも、暖炉の前で過ごす日々か、ソリ犬として雪原を駆ける日々かをもし犬に選ばせたら、犬は雪原を選ぶと。

「犬に選ばせる」という考え方に夫婦も賛成する。そして、郵便配達人は、私は犬を呼ばないから、あなたたちも黙って犬がすることを受け入れてほしい、と言い残して、立ち去っていく。犬は、昔の主人と新しい主人の間でしばし迷っているがやがて……。

犬は自分の肉体に備わったものを発揮したくてうずうずしている。おそらくそこに生命の喜びがあるからだ。犬に選ばせればリスクがあろうと雪原を駆ける生活を選ぶとロンドンは物語を通して主張する。もしかしてリスクがあるから選ぶのかもしれない。

もちろんこれは物語であって、実際にすべての犬が、暖炉の前より雪原を疾走することを選ぶとは言い切れない。暖炉の前と雪原を比べて雪原をとったのではなく、単に、最初の飼い主を真のリーダーとして認識しただけかもしれない。そもそもロンドンの作品には、ロンドン自身の破天荒で波瀾万丈の生涯と彼が生きた時代の考え方が色濃く反映されている。生まれたからには冒険と革命と創作に邁進しなければもったいない、という生き方である。それは現代ほどには社会システムができあがっていなかった世界を力ずくで生きたいのちのありようでもある。

　ごくたまにだが、ナツを冬山や沢に連れて行くことを、動物虐待だと批判する人がいる。その目でナツを見てもらえば、ナツが喜びとともに、自ら山に向かっていることがわかると思うのだが、その手の人は自分の目で確認もせず、ナツの意見ももちろん聞かず、安全な家の中で長生きするほうが、犬にとって幸せだと信じている。それは、犬は自分でものを判断できない存在であると下に見ていることだと私は思う（そっちのほうが虐待だ）。

　命は使わなくてはその存在の意味がないと私は考えている。

　だが、命はどうやって使えばいいのだろう。

必死に生きればそれでいい。

その必死に生きるが難しい。

　私やナツのように野生フィールドで活動する場合、リスク回避を過度に求めると充実した活動にはならず、リスクを許容しすぎると命がいくつあっても足りない。

　とくに犬は、使命感が強く、激情家なうえに、広い視野で客観的に状況を把握するのが得意ではない。俊敏で運動神経がいいのに、迂闊なところもたっぷりある。例えば今にも落ちそうな雪庇の上に平気で立つ。鹿を追いかければ心臓が止まる寸前まで走る。必要があれば自分より強い相手に挑みかかる。

　この次の登山でナツは死んでしまうかもしれない。鹿を追って、崖から落ちたり、沢で流されたり、反撃を受けて角で刺されたり、道路に飛び出して轢かれたりといろいろな危険が予想される。だからといってナツを生きながらえさせるために、リードで繋いでおいたり、家に閉じ込めたりしたら、ナツは生きる喜びそのものを失ってしまう。

　たとえ危うくてもナツの命もこの世界に露出させなくてはならない。ナツがナツとしてあるには、そして、これまでの経験を生かして世界を体験していくには、たとえ危うくても、旅に出なくては意味がない。私とナツにとって生きるとは、リスクと安全のバランスのあいまに浮かび上がる微妙な現象なのだ。危険すぎてもダメだが、安全すぎるのは、結局、生きていないのと同じことになってしまう。

　ナツと出会ってすでに七年の歳月が過ぎた。

　いまやナツは、私にとってもっとも多くの旅をともにした相棒となった。家族と同様にかけがえのない存在だ。犬のほうが人間よりかなり短命なので、私がもし平均的な日本人くらい生きるなら、遠からずナツの死を看取ることになる。人間はそうやって、少なくとも他の動物よりは長いスパンでこの世と向き合っている。一方、ナツは先のことはほとんど考えず、今この瞬間とだけ向き合っている。

　そして今日もナツは、山に行こうよ、と言わんばかりに、私の前を飛び跳ねて誘っている。

山旅犬の育て方

総論

山旅犬の資質として、もっとも重要なのは、ひとりでどこかに行ってしまっても、帰ってくることだろう。

犬の性質を表す狩猟用語に「連絡」がある。狩猟者から遠く離れず獲物を探索する犬や、姿が見えなくなっても、数分で狩猟者の下に帰ってくる犬を「連絡がいい犬」という。日本犬は連絡がいい性質が一般的で、ナツも日本犬（アイヌ犬？）に少し洋犬（シープドッグ系？）が混じった雑種であるためか連絡はいいほうだと思う。

交通機関で移動して山に登るならば、犬が帰ってくるのは自宅ではなく、飼い主と別れた場所やテントを立てた場所になる。

犬が飼い主から遠く離れてしまう理由は、小動物や鹿を追う、もしくは、広いエリアで突然自由を与えられて、はしゃいで遠くまでひとり歩きに出るなどだ。走りすぎて、自分がどこにいるのか、もしくは戻るべき場所がどこかわからなくなってしまうらしい。

盲導犬は仕事中にネコを追って走ったりしない。興味を引くものがあっても、飼い主から離れてはいけないとしつけることができる証左である。

ナツがいなくなると毎度、飼い主から離れないようにしつけるべきだったと思う。もしくは、リードで繋いでおくべきだったと悔やむ。ところが、無事に帰ってきたナツを見ると今度は、犬はやっぱり自由にさせておいたほうがいい、犬のひとり歩きはその犬にとって学ぶことがたくさんある、と思う。

犬を友として、一緒に旅をするならば、その個性を認めて自由にさせたい。自分で考え判断するようにもなると思う（それでも毎度、心配だが）。

山旅中であっても、車道を歩くときや、獲物を狙うときは、ナツもリードで繋いでいる。ただ、ずっと繋いでおくのは「犬と一緒に旅をする」ときに私がイメージしていることとは違う。犬と旅をしたいと考える多くの人が、旅マタギや過去の探検隊のように、自由な犬と寄り添って、ともに行動することを求めているのではないだろうか。

実際に繋がない犬と一緒に歩くのは本当に楽しい。

一、何よりもまず犬種

連絡がいい犬は結局、ある程度は犬種で決まる（と思う）。ナツや狩猟仲間の猟犬、野田知佑さんのところのアレックスやハナと過ごした乏しい経験だけの見解だが、日本犬系、牧羊犬系は連絡がいいようだ。

二、サイズは一五キロ程度まで

私は電車とバスでナツと一緒に移動することが多い。ナツの体重は一〇キロほどだが、これより重いと公共交通機関での移動はかなり不便なのではないかと思う。一〇キロであれば登山中に難所（岩場、沢の徒渉、長いハシゴ、板が外された吊り橋など）を抱きかかえて越えることもできる。また、犬のエサも数日分は運べる（大型犬のエサ数日分はかなり重い）。犬に荷物を運ばせるハーネスもあり、ナツに試したこともあるが、ヤブに絡んで身動きが取れなくなる危険が高いので使っていない（通常のハーネスや首輪もナツにとっては邪魔で危険なもののようだ）。

一〇キロのナツでもリードを引く力は強い。不意に引っ張られて危険なことがときどきある。諸々の要素から山旅犬のサイズは一五キロが上限ではないかと思う。

三、移動について

電車とバス：常識的なサイズ（縦＋横が九〇センチほど）のキャリアに入れて持ち込む場合は何の問題もない。荷物と同じ扱いである。鉄道会社によってはサイズや重さに規定があり、また、荷物運賃（距離に関係なく三〇〇円ほど）を払わなくてはならないこともある。

飛行機：国内であればまったく問題ない。ただＬＣＣはペット預けができないことが多く、大手の航空会社に限られる。犬の航空運賃は、会社によって違うが六〇〇〇円前後。扱いは預け荷物に似ている。気圧変化のないペットエリアに入れてくれるようだ。キャリアも貸し出してくれるうえに、空港内はショッピングエリア以外はリードを繋いで犬を歩かせることができるため、家から歩いて空港に行き、旅先の空港から歩くなら（利用する交通機関が飛行機だけなら）キャリアを持参する必要がない（そんな旅は私とナツしかしないと思うが）。

海外に行く場合は、予防注射などの検疫やＩＣチップタグなど面倒が多く、犬の運賃も高いらしい。

フェリー：商船三井フェリーと太平洋フェリーしか体験していないが、フェリーはペットに優しい。ペットを連れて旅をしたい人をターゲットとしているようだ。ペットケージに入れる料金が数千円かかる。

レンタカー：犬をレンタカーに乗せるときは大原則としてキャリアに入れなければならない。犬の乗車を禁止しているレンタカー会社もある。犬を乗せても問題のないレンタカー会社であっても、受付担当が責任者に電話して確認するなど、借りるときにすったもんだすることもある。

キャリア：『Ｔｅｔｒａファーストラックスソフクレートｎ2』Ｓサイズを使っている。肩かけヒモの付いた折りたたみ式のキャリア。六年間ナツと一緒に旅をして、布の部分がすり切れてきたため、七年目に二代目を購入した。ナツにはやや窮屈かもしれないが、交通機関で運ぶことを考えるとこれ以上大きなキャリアは現実的ではないと思う。

四、移動を嫌わないために

車酔いから、車に乗るのがイヤになってしまう犬がいるらしい（多くは最終的に慣れるようだ）。ナツが車嫌いにならないように、最初はかなり気を遣い、車の中に放していたが、どうやら車の中に放しているほうが犬は車酔いするようだ（キャリアの中では寝るしかない）。今は列車とバスはもちろん、車の中でも移動中はずっとキャリアに入れている（犬も運転手も楽）。キャリアの中で静かにしていれば、そのあとに、楽しい登山や狩猟が待っていることを理解させれば、犬はキャリアの中でずっと静かにしている。

キャリアに慣れさせる訓練として、電車や車で少し移動してまず褒め、楽しいお散歩をして、帰宅してまた褒める、ということをするらしい。

羽田空港で自前のキャリアから航空会社のキャリア（奥）へ。

ナツは訓練はしなくても、キャリアの中で静かにしていることをすぐに覚えた。いまでは数時間は一言も声を漏らさずに静かにキャリアに入っていられる。夏にナツを入れたまま車から離れるときは、車を木陰に置いたり、車から出して近くに繋いでおいたりする。列車の場合、真夏の駅では暑そうにあえいでいるが、車内はクーラーが寒いほどなので、過ごしやすいようだ。フェリーではときどき、甲板の上を散歩する。飛行機で預けるときは、初体験のときだけ不安がって鳴いたが、それ以降は、飛行機→北海道→面白いということを学んだようで、預けるときにちょっとさみしそうな顔はするものの、鳴くことはない。

五、宿泊について

テントやタープ：すぐに理解して適当なところで寝転んでいる。寒いときや雨のときは、テントの中やタープの下に入って、適当に寝転がる。

避難小屋：基本的に犬連れのときは避難小屋には泊まらない計画を立てる。他に登山者がいない冬の北海道などでは小屋を利用させてもらうこともある。ただ、鹿の気配が濃いためか、北海道ではナツはかなり寒くても小屋の外にいることが多い。

ホテル：登山の前後などにビジネスホテルに宿泊する場合は、ナツはキャリアに入れて車（レンタカー）内に閉じ込めている（真夏は厳禁）。嫌がるようすはないし、ガソリンスタンドや高速の料金所で他人が近づいてくると番犬のごとく吠える姿から推測するに、ナツは車を仮の住処と認識しているようである。

六、犬の帰還

初期の頃は、ナツが鹿を追っていなくなってしまうと、ものすごく不安だった。いまでも、登山中にナツがいなくなってしまうと不安である。これまで北海道を距離にして一五〇〇キロくらい、本州もおそらく同じくらい、延べ日数でだいたい五〇〇日は、一緒に野山を歩いたり、野宿したりしているが、この原稿を書いている時点で、ナツは廃村の古民家の縁側で毛布の上に寝転がっている（帰ってこなかったことはない）。

繰り返しになるが、ナツがいなくなってしまうのは鹿を追ったときが多い。ナツは鹿猟の相棒である上に、鹿は山旅の食料でもあるので、山旅犬を鹿を追わせないようにしつけてしまっては意味がない。

鹿を追って山奥に消えたナツと生き別れにならないための工夫（道具）として、初期の頃に試したのが「犬笛」と「簡易ビーコン」である。犬笛は、人間には聞き取れないが犬には聞き取れる高音を出す笛で、今でも使っている。笛の音が聞こえれば帰ってくるが、音が届くのはせいぜい数百メートルくらいのようだ。「簡易ビーコン」はまったく使い物にならず、お金の無駄だった。徘徊老人用のGPSタグも売られているし、狩猟で犬を捜す専用の無線発信器もある。どちらも試したことはないが、無線についてはチームで狩猟をしていたときに、犬かけをするメンバーが使っていた。ガーミンのGPSは犬がかなり離れても、高い精度で見つけ出すことができるようだ。ただ、どちらも長旅ではバッテリーの問題がある上に、無線は法律が改正されて違法になった機器もあり、値段も十数万円と高価である。

犬が動物を追っていなくなってしまったら、その対処は「別れたところで待つ」が原則である。ただ慣れてくれば、歩行を続けても飼い主のニオイをたどって追いかけてくる。

この「慣れ」は、実際のところ犬が慣れるのではなく、人間のほうが慣れるのかもしれない。犬は、最初から別れたところで待っていなくても、飼い主のニオイを追ってくることができる可能性が高い。犬はちゃんと追えるのに、人間のほうが心配になってしまい、歩くことを楽しめないので、別れたところで待っていることになる。

ナツは、一五分くらいの不在であれば、まるでなにもなかったかのように平然としているが、三〇分以上になると、戻ってきて私の姿を確認したときに、耳を伏せ、首を低くして、尻尾を振りながら近づいてくる。私が気に入らないことをやってしまったという自覚があるようだ。もしくは時間には関係なく、地形や距離などによって、戻るのに苦労してナツなりにひやりとしたときに、甘えるような態度を見せているのかもしれない。

廃村の裏山の散歩や、ちょっとしたハイキングで時間に余裕があるときには、ナツが鹿を追っていなくなっても、あえて訓練でナツの不在を気にせず移動することもある。登山中にいなくなったナツを待たずに進むときは、おしっこをして、それを踏んで靴底にニオイを付け、先に進むようにしている。慣れてくると人間もおしっこを小出しにして、数百メートルごとにニオイ付けすることができるようになる。このおしっこ作戦をやったにもかかわらず、ナツが私のあとを追いかけてこられなかったことは一度もない。ただ、ナツがなにを頼りに私を追っているのかはわからないので、おしっこ作戦に意味があるのかどうか不明である。

そんな訓練や山旅での先行は一〇〇回以上したと思うが、ナツが私のニオイを追えずに別れたところでうずくまっていたことが二回だけある。

一回目は二〇一九年の夏（ナツ三歳）で、私が現在暮らす廃村に通いはじめた初期の頃のことだ。小雨が降る中、車道ではなく、山道で廃村に向かった。山道に入ってすぐにナツが鹿を追っていなくなったのだが、私はナツが戻るのを待たずに入村した。夕方になってもナツが百之助に現れないので、雨でニオイを追えないのだろうと予想して、山道を戻ってみたら（片道一時間）、私と離れたところでうずくまっていた。かなり情けない顔をしていたので、私のニオイを追えずに困っていたのは、ほぼ間違いない。

二回目は二〇二二年の六月（ナツ六歳）の富士山御殿場口。早朝、山頂を目指して一緒に登りはじめたのだが、富士山の麓は鹿が多く、ナツは鹿を追っていなくなってしまった。ワンデイの往復なので、追いついてこなくても、最悪、復路で回収できるだろうと、気にせず進んだら、本当にいつまで経ってもナツは追いついてこなかった。心配だったが、登頂し、大砂走りを駆け戻ってみたら、駐車場の端に停めていた友人の車の陰で丸まっていた。このときも情けない顔をしていたので、心細い思いをしていたようだ。私は私でナツが車に戻っていなかったら、戻るまでテントを立てて待っていなくてはならないと思っていたので、ナツの姿を見てほっと胸をなで下ろした。

この二回とは別に、百之助から一緒に散歩に出て、ナツがいなくなり、いつまでも追いついてこないので、百之助に戻ったら、ナツが先に帰っていたということが三回くらいある。そんなときも頭を低くして、耳を伏せ、尻尾を振りながら近づいてくる。山の中で私のニオイを追って追いついてきたときとは、明らかに態度が違うことから、私のニオイを失って慌てて、百之助に戻ったものの、私がいなくて心細い思いをしていたと予想できる。

飼い主のニオイを追うことに慣れるまでは（慣れても）、犬との山旅は時間と心にかなり余裕を持ったほうがいい。犬がどこかに行ってしまって帰ってこない場合は、別れたところでずっと待っていなくてはならないかもしれない。私はできるだけ登山の翌日は重要な用事を入れないようにしている。私はナツが二〇分以上戻らないと、どこで何日待つかを考えだす。食料はどのくらいあるのか、翌日に何か大事な用はなかったか……。だが、ナツを待って、山の中で計画外のビバークをしたことはない（山旅中の最長不在は四時間弱）。

　山慣れした犬で、車で移動した場合は、車を停めたところに戻るということがある。チーム猟をしていたときにそのようなことが何度かあった。犬が戻らないときに、別れたところで待つか、車の中で待つかは判断が難しい。

　山中に犬を残したまま、どうしても帰らなくてはならないときは、別れた場所や、車を停めていた場所などに、犬のキャリアや飼い主のニオイがついたシャツなどを置いておくと、そこから動かずに待っていることがあるようだ。

　廃村に滞在中に里に下りる用があったのに、ナツがひとり歩きに出ていて、いなかったことがある。バイクを停めていた場所に私のシャツを置いて、里に下りて戻ってきたら、ちゃんとそのシャツの横にうずくまっていた。ナツは散歩から百之助に戻っても私がいないので、私のニオイをたどってバイクが停めてあった場所まで行き、シャツが置いてあったので、バイクで出かけたことを悟って、待っていたのだと思う。戻ってきた私を見てナツは激しく喜んでいたが、私もナツが私の目論見を理解して、留守番できたことが嬉しくて、ナツをいつも以上に褒めた。

　飼い主から遠く離れて、自分がどこにいるのか自信がないときは、犬は犬で心細いようだ。戻ってきたときのホッとした表情からそれはわかる。興奮して飼い主から離れてしまい、混乱したものの、なんとか方向感覚と嗅覚を駆使して戻ってくる、ということを繰り返して、犬は帰還上手になっていくようである。

七、旅するフィールド

　リードを繋がずに犬と旅したいと思っても、残念ながらそれができる場所は今の日本にはほとんどない。動物愛護法に、私有地もしくは人に迷惑をかけない場所以外では、犬を放し飼いにしてはいけないとある。通常の生活圏ではもちろん登山道でもリードで繋がなくてはならない。また、山中であっても自然公園の特別保護区では犬はリードで繋がなくてはならない。

　犬との旅を、気兼ねなく、自由に、楽しめる場所は、人がおらず、かつ、歩いていて気持ちがよく、しかも、特別保護区ではないエリアということになる。

　それらの条件を満たすのは、ゲートが閉じられた林道、ほぼ登山者がいない古道、技術的な難度が低い沢（沢登り）などになる。道のない山に行けば犬を放せるが、ヤブ山を楽しく旅できる人間は稀だろう。厳冬期の登山道や積雪に埋まったヤブ山なども、これらの条件をほぼ満たしている。また、台風などで崩れ、通行禁止になった林道も狙い目である。

　友人などと一緒にある程度固まった計画で登山をこなさなければならないときは、リードで繋いだほうが、気をもまずに済む。また鈴を付けておくと、離れて姿が見えなくても音から行動が把握できるうえに、鈴の音でケモノが散るためか、犬がケモノを追いかける頻度が少なくなる感じがする。

　私がよくやる犬連れ登山は、行き止まりの林道（ゲートがあればなおよい）を終点まで歩き、そこから沢なり尾根なりを登って、山頂に立ち、また戻ってくるというものである。電車で移動し、下車駅近くの神社や林の中にキャリアを隠し、林道入口までリードを繋いで歩き、林道に入って新しい轍《わだち》がなくなったら、犬を放す。山を越えたり、縦走したりする場合は、キャリアをザックに付けて歩くこともある。長い山旅で荷が重く、キャリアを背負う余裕がないときは、ナツを段ボールに入れて運び、段ボールは駅のゴミ箱などに捨てて、山旅をして、下りてからまたスーパーなどで段ボールを調達して、電車に乗せる。この方法をとる場合はガムテープとスーツケースバンドを持っていくようにしている。ガムテープは段ボールを閉めるため、スーツケースバンドは見た感じを犬っぽくしない（荷物っぽくする）カモフラージュのためである。厳密には犬を電車に乗せる場合、専用のキャリアを使わなくてはならず、段ボールは専用のキャリアとは認められないらしい。ただ、バナナの段ボールはとても頑丈で強度は布のキャリア以上である。現実的な問題はないと思う。

八、リードとハーネスは必要悪

犬を繋ぐ道具はハーネスと細目のゴム入りのリードを使っている。ハーネスはナツがキツネと間違って撃たれないように目立つ色。いくつか試したが、ナツの場合は青がもっとも目立つようだ。首輪はヤブに引っかかったときに首つりになるのではないかとちょっと心配である。ハーネスも笹ヤブに引っかかって身動きが取れなくなっていたことが一回ある。鹿を追いかけて戻ってきたら、脚がハーネスの変なところから出ているということは結構頻繁におこる。首輪もハーネスもいざとなったら首輪抜けできるくらいに調整しておくのがよいと思う。ただ、ナツは岩場や滝場などで引き上げるときもあるので、そんなときにハーネスが抜けてしまったら大惨事なので、バンドの調整は悩ましい。

ヤブや何らかの突起に絡む危険を考えると、リードやハーネスや首輪はないほうが良い。リード関係でナツを喪っていたかもしれない背筋の凍る大失態を二つしたことがある。

一つはある冬の早朝、まだ暗いうちから猟場へ移動しようとしたときのことだ。日の出直後のゴールデンタイムを逃さないよう私はちょっと急いでいた。バイクの荷台に付けている大きなプラケースにナツを入れて、出発しようとしたら、なぜかタイヤがロックした。バイクを降りてヘッドランプを付けて確認すると後輪のギアにヒモが絡まっていた。それはナツのリードに似ていた。一瞬わけがわからなかったが、次の瞬間、ナツのリードそのものであると気がつき、プラケースの蓋を慌てて開けると、中でナツがリードに引っ張られてもがいていた。暗かったためリードがプラケースに入っていないことに気がつかず、走りはじめてしまったらしい。本格的にエンジンを始動する直前だったので、大事に至らず（ナツにケガもなく）済んだ。

もう一つは北海道のある避難小屋でのこと。ナツのハーネスが雨で濡れたので小屋の中で乾かしていた。夕方に雨が止んだので、鹿猟も兼ねてちょっと周辺を歩いてみるかと、小屋を出て、少し歩いてからナツを繋ぐべくリードをポケットから出したところで、ハーネスを付けていないことに気がついた。ナツはやる気満々で行きたがっているし、日暮れまで時間もないし、小屋に取りに戻るのも面倒だった。そこでポケットにあったリードとは別のロープの輪を三重に束ねてナツの頭に通し、それを首輪としてそのまま出猟することにした。しばらく歩いたところで鹿に出会った。鹿がこちらに気がついて素早く跳んだので撃つことはできなかった。逃げていく鹿を見たナツが、いつものように追いたがって激しく吠えるので、ちょっと追わせてやろうと、即席の首輪からリードを外した。ナツが走って行くのを見ながら、首輪が束ねただけのヒモの輪だったことを思い出し、背筋が凍った。もしヒモの一部が何かに引っかかったら、輪が閉まって首を絞めてしまう（そういう罠が実際にある）。慌てて、ナツを呼びながら追いかけたが、もちろん追いつかなかった。広い場所に出て、ナツが戻ってくるのを、祈りながら待った。鹿などどうでもよかった。もしかして絡まったナツが鳴くかもしれないと思い、祈りながら耳を澄ませていた。ほどなくして、ナツが戻ってくるのが見えた。ホッとしたのは半分だった。三重の首輪は予想どおり一つの輪が緩んでナツの脚に絡まり、別の輪はナツの首に食い込んでいた。ナツは何もなかったかのようにケロリとしていたが、運悪く変なところに引っかかっていたら、ナツを亡くしていたかもしれなかった。

九、アンチ犬派の人々

犬が嫌いなうえに、攻撃的な自己主張をしてくる人が、わずかだが存在する。また、北アルプス、中央アルプス、南アルプスは、ペットを連れての立ち入りを禁止する旨の看板が出ているところがある。この立ち入り禁止の主張はマナーであって、法律ではない（自然公園内に犬を連れて入ることを禁止する法律はない）。また、アンチ犬派の中に、犬が自然環境に持ち込む菌や病気が、生態系へ悪影響を与えるという主張がある。これも科学的な根拠がない（なぜ犬がダメで登山者はいいのだろう？）。

ただ、山中で出会う九九パーセントの人が好意的であっても、一人でも否定的な人に出会って意地悪なことを言われると、たとえ違法ではなくても、その旅は後味の悪いものになってしまう（アンチ犬派が口にするイヤミは効果的なわけだ）。誰がアンチかはわからないので、アンチ犬派に出会わないための唯一の方法は、誰にも出会わずに旅をすることだと、私は考えている。

一〇、犬の噛み癖

山旅犬とは直接関係ないが、人体に危害を加えたり、他人の財産に損失を与えたりする犬は存在するのが難しい。幼い子どもに危害を加えるようなことがあれば、その犬は殺処分と言われても仕方がない。

ナツは子どもが苦手である。アウトドアのフェスで鹿の解体をしたときに（二〇二二年）、解体された鹿の横でくつろいでいたナツに小学生が近づいたことがあった。撫でようとしただけだと思うのだが、ナツはかなり接近されたところでようやく気がついて驚いたうえに、鹿を自分の食料と認識していたため、牙を剝いてその子を強く威嚇してしまい、スネにナツの犬歯が当たってしまった（リードは繋いであった）。

撫でようとした犬が突然爆発したように吠えかかってきて、しかも傷まで負わされた子はわなわな震えながら泣き出してしまった。すぐさま「ダメーッ」と押さえつけ、ボコボコに殴ったのだが、殺処分が妥当と言われても仕方がない大失態だった。お母さんが理解のある方で問題にはならず、私はナツを殺処分にせずに済んだ。

人間にエサを取り上げられても、耐えなくてはならない、としつけるのが正道だが、よその子どもまで受け入れるようにしつけるのは現実的ではない。子どもがいるところでは、リードを付け、できるだけ短くして、固定されたものに確実に繋ぎ、犬に興味がありそうな子どもには、ナツは（見た目と違って）怖いことを伝えておかなければならない。日本犬は概ね、家族以外の人間は嫌いである。ただ、エサが関係しないときは、ナツも他人の接近を必死に耐えている。

ナツの主な登山歴（2023年8月末まで）

2016.4.30頃 北海道岩見沢市伊藤健次邸近くの土手の洞穴で生まれる
2016.6.上旬 横浜の服部家に来る
2016.8.中旬 丹沢 水無川周辺ハイキング
2016.12.26 初めての出猟（以降出猟は特別な場合以外省略）

1歳

2017.4.30 丹沢 大山 広沢寺…谷太郎川遡行…大山…広沢寺
2017.6.2-8 下田川内 早出川 22頁（『大自然グルメ百名山』NHK BSプレミアム）
2017.6.17-19 奥秩父 主脈周遊 広瀬…破風山避難小屋…真ノ沢林道…甲武信岳…国師岳…京ノ沢…石塔尾根…広瀬（『岳人』2017年8月号）
2017.8.14-15 谷川連峰 宝川ナルミズ沢 31頁（『岳人』2017年10月号）
2017.10.1-9 日高山脈 幌尻岳 37頁
2017.10.23 丹沢 犬越路（『岳人』2017年12月号）
2017.11.2-10 日高山脈 ペテガリ岳 39頁（『Fielder』vol.37）
2018.1.15 猟場BK尾根 大イノシシ狩り 40頁（『Fielder』vol.38）
2018.3.29-4.5 日高山脈 神威山荘（泊）…ペテカリ山荘BC（6泊）…神威山荘

2歳

2018.8.19-21 中央アルプス 伊奈川 41頁 ナツはカールまで（『岳人』2018年10月号）
2018.10.2-8 増毛山地 徳富川
2018.11.5-11 日高山脈 ペテガリ岳 神威山荘…ペテカリ山荘BC…ペテガリ岳…BC…神威山荘
2018.12.7-9 奥秩父 国師岳 徳和…乾徳山…黒金山…大ダワ…京ノ沢BC（泊）…修験道探索…国師岳…天狗尾根…BC（泊）…大ダワ…徳和（『岳人』2019年2月号）

3歳

2019.7.6-10 南アルプス 大井川 44頁（『岳人』2019年9月号）
2019.8.3-6 八幡平 大深沢 五十曲…玉川（泊）…大深沢…八瀬森…北ノ又沢（泊）…葛根田川…戸繋沢…蟹湯（『岳人』2019年10月号）
2019.9.12-13 出羽三山 月山 羽黒山…月山橋（泊）…月山…志津（『岳人』2019年11月号）
2019.10.1-11.25 北海道縦断無銭サバイバル 47頁（『北海道犬旅サバイバル』みすず書房）
2019.12.8-9 谷川連峰 谷川岳 48頁（『岳人』2020年2月号）
2020.2.6-8 奥秩父 梓川岩小屋 50頁（『岳人』2020年4月号）
2020.3.12-17 日高山脈 ペテガリ岳 神威山荘（泊）…ペテカリ山荘BC（泊）…神威山荘
2020.3.24-25 飯豊山地 烏帽子山 52頁（『岳人』2020年5月号）

4歳

2020.6.10 奥秩父 笠取山 広瀬…笠取山…広瀬（『岳人』2020年8月号）
2020.6.15-17 奥秩父 国師岳 黒平…水晶峠…金峰山…国師岳…京ノ沢…大ダワ…徳和（『岳人』2020年8月号）
2020.7.16-19 下田川内 早出川 54頁（『岳人』2020年9月号）
2020.7.31-8.12 南アルプス 縦断サバイバル 畑薙第一ダム（泊）…信濃俣河内（2泊）…聖沢上部（泊）…聖岳…赤石沢（泊）…赤石岳…悪沢岳…大井川西俣（2泊）…三峰川（泊）…仙丈岳…北沢（泊）…甲斐駒ヶ岳…竹宇（YouTubeと『岳人』2022年7月号）
2020.10.6-15 日高山脈 コイカクシュサツナイ岳 55頁&狩場山避難小屋周辺（『岳人』2020年12月号）
2020.11.16 南アルプス 鳳凰三山地蔵岳 御座石鉱泉…地蔵岳…オベリスク登攀…御座石鉱泉（『岳人』2021年1月号）
2021.2.7 三浦アルプス縦走 仙元山…乳頭山…鷹取（『岳人』2021年4月号）
2021.3.18-19 谷川連峰 仙ノ倉山北尾根 58頁（『岳人』2021年5月号）
2021.4.8 奥秩父 甲武信岳鶏冠尾根 広瀬…鶏冠尾根…甲武信岳…徳ちゃん新道…広瀬（『岳人』2021年6月号）
2021.4.14-19 信越国境 横断 越後湯沢（泊）…神楽峰…苗場山…檜俣川林道（泊）…切明…カヤの平（泊）…飯山（『岳人』2021年6月号）

5歳

2021.6.5-6 奥秩父 瑞牆山 廻り目平（泊）…砂洗沢出合分岐…八丁峠…JP…瑞牆山…JP…小川山…廻り目平（『岳人』2021年8月号）
2021.6.12-13 北アルプス 白馬鑓温泉 猿倉…白馬鑓温泉（泊）…猿倉
2021.10.9-11.7 北海道渡島半島無銭サバイバル 62頁（国際芸術祭「あいち2022」オリジナルパンフレットと『いのちのうちがわ B面』笠倉出版社）
2021.12.6 奥秩父 黒金山 青笹上駐車場…牛首のタル…黒金山林業小屋跡…支流下降…青笹上駐車場（『岳人』2022年2月号）
2022.1.8-10 八ヶ岳 厳冬期全山縦走 63頁（『岳人』2022年5月号）

6歳

2022.6.3-4 富士御殿場口 二ツ塚 64頁（『岳人』2022年8月号）
2022.7.2 奥多摩奥秩父の某沢（『岳人』2022年10月号）
2022.9.10 廃村の古民家（百之助）で謎の大ケガ
2022.9.30-10.1 北アルプス 大滝山 新島々駅…島々谷…岩魚留小屋（泊）…大滝山…鍋冠山…一日市場駅（『岳人』2022年12月号）
2022.10.27-11.3 大雪山系 ニペソツ山 曙橋…ヌプントムラウシ温泉BC（泊）…ニペソツ山…BC…曙橋（『岳人』2023年1月号）
2022.12.7-9 南アルプス 北岳 71頁（『岳人』2023年2月号）
2022.12.12 奥秩父前衛 茅ヶ岳 大明神…茅ヶ岳…金ヶ岳…曲岳…鬼頬山…越道峠…太刀岡山（『岳人』2023年2月号）
2023.1.11-12 南アルプス 芦安鉱山跡 桃ノ木温泉…ドノコヤ峠…芦安鉱山跡（泊）…ドノコヤ峠…桃ノ木温泉（『岳人』2023年3月号）
2023.2.7-8 鈴鹿山脈縦断 茨川（泊）…藤原岳…大君ヶ畑…保月（泊）…落合…鬼男…米原（『岳人』2023年4月号）
2023.3.18-19 大雪山系ヌプントムラウシ温泉 曙橋…ヌプントムラウシ温泉（泊）…曙橋（『岳人』2023年5月号）
2023.4.8-11 南アルプス 聖岳東尾根 75頁（『岳人』2023年6・8月号）

7歳

2023.6.17-18 奥秩父横断 広瀬…笛吹川東沢信州沢…国師岳…梓川…梓川岩小屋（泊）…梓山…千曲川東沢…三宝山…広瀬（『岳人』2023年8月号）
2023.7.3-5 越後山脈 越後三山 荒山…グシガハナ…駒ヶ岳…中ノ岳（泊）…八海山…大倉（『岳人』2023年9月号）
2023.8.1-4 和賀山塊 朝日岳 田沢湖駅…生保内川（2泊）…朝日岳…マンダノ沢（泊）…堀内川…夏瀬温泉（『岳人』2023年10月号）

PROFILE

服部文祥 はっとり・ぶんしょう

1969年生まれ。登山家、作家。大学時代に登山を始め、カラコルムにある世界第二の高峰K2に登頂。日本では剱岳や黒部で冬期初登攀を記録。やがて食糧を現地調達する「サバイバル登山」に傾倒。現在は、生活の拠点を廃村の古民家に移し、狩猟、畑作の生活を送る。著書は、山行記『サバイバル登山家』『狩猟サバイバル』『百年前の山を旅する』『ツンドラ・サバイバル』『北海道犬旅サバイバル』、実用書『サバイバル登山入門』『アーバンサバイバル入門』、小説集『息子と狩猟に』、エッセイ集『サバイバル家族』『お金に頼らず生きたい君へ』、書評集『You are what you read. あなたは読んだものに他ならない』、写真詩集『いのちのうちがわ B面』(石川竜一との共著)など。

ナツ

性　別：雌
誕生日：2016年4月30日頃
生誕地：北海道岩見沢市
犬　種：北海道犬メインの雑種（北海道スタンダード）
性　格：臆病
登山力：高い
猟　欲：強い
猟　芸：鳴き追いだが連絡はよい。
子鹿を噛み止めることもある。
好　物：大福、パン、チャイ、刺身、鹿肉など

STAFF

撮　影：石川竜一
伊藤健次
柏倉陽介（カバー、1頁）
亀田正人
鈴木七絵
高橋郁子
林 健治
＊並びは50音順
＊各ページに略称を［ ］で記載

装　丁：アルビレオ
編集協力：大塚 真（DECO）

山《やま》旅《たび》犬《けん》のナツ

2023年11月20日初版印刷
2023年11月30日初版発行

著　者　服部文祥
発行者　小野寺優
発行所　株式会社河出書房新社
〒151-0051 東京都渋谷区千駄ヶ谷2-32-2
電話 03-3404-1201（営業）
03-3404-8611（編集）
https://www.kawade.co.jp/

組　版　株式会社キャップス
印刷・製本　図書印刷株式会社

Printed in Japan　ISBN978-4-309-03154-5